百年陈家菜第五代掌门人
注册中国烹饪大师——

陈伟 主编

崔超锋 陈治宇 副主编

海参臻味

河南科学技术出版社
·郑州·

总 策 划：张书安

主　　编：陈伟

副 主 编：崔超锋　陈治宇

封面题字：孙荪

摄　　影：石头

设计排版：知未

图书在版编目（CIP）数据

海参臻味/陈伟主编；崔超锋, 陈治宇副主编. —郑州：河南科学技术出版社，2023.9
ISBN 978-7-5725-1289-6

Ⅰ.①海…　Ⅱ.①陈…②崔…③陈…　Ⅲ.①海参纲-菜谱　Ⅳ.①TS972.126

中国国家版本馆CIP数据核字（2023）第153069号

出版发行：河南科学技术出版社
地址：郑州市郑东新区祥盛街 27 号　　邮编：450016
电话：（0371）65737028
网址：www.hnstp.cn
责任编辑：冯英　董涛
责任校对：崔春娟
封面设计：颜永昌
责任印制：张艳芳
印　　刷：河南瑞之光印刷股份有限公司
经　　销：全国新华书店
开　　本：889 mm×1 194 mm　1/16　**印张**：11　**字数**：200千字
版　　次：2023年9月第1版　　　　　2023年9月第1次印刷
定　　价：158.00元

序

陈伟先生的新作《海参臻味》付梓，嘱我为序，欣然应之。

我1973年在开封又一新饭店供职时与陈景和老师相识，后又相继结识陈长安、陈伟叔侄。屈指一算，很荣幸地与五代名厨世家的三代交往了近五十年，也见证了陈家三代为开封餐饮行业、河南餐饮行业，为开封菜、为豫菜、为中国烹饪所付出的心血与汗水，所做出的卓越贡献。陈景和老师的灶上功夫，至今无人能出其右，熘鱼翻锅，壮年时一锅八条，古稀之后，抖擞精神，翻四条也是手到擒来。斯人虽逝，功夫与英姿永存，长供后辈景仰。长安先生，文武兼备，灶前案后，技艺精湛，挥毫泼墨，亦有佳作。五代陈伟，少年得志，传承创新，成就喜人，如今已逾知天命之年，技艺超群，为人谦和，成为河南烹饪技术界的代表人物，中国烹饪技术界的中坚力量。粗览其新作，匠心、匠意跃然纸上。对海参的把握，已臻出神入化之境，不负前人，堪传后来，可喜可贺。又知其子陈治宇大学毕业后入行，子承父业，百年陈家，开启新的百年，深感欣慰。

不揣浅陋，絮语几行，一为序，一为百年陈家菜和中国传统烹饪祝福。盛世中国、辉煌时代，给烹饪匠人提供了无限的空间和宏大的厨房，陈伟努力，大家努力，成就可期，未来可期。

张海林

河南省餐饮与住宿行业协会会长

壬寅年 清明时节于郑州

百年陈家菜第五代掌门人

注册中国烹饪大师

餐饮业国家级评委

中国烹饪协会理事

中国烹饪协会名厨专业委员会副主席

中原大工匠

世界中餐业联合会国际中餐名厨专业委员会副主席

河南省五一劳动奖章获得者

香港李锦记顾问大师

国家高级烹饪技师

河南省餐饮与饭店行业协会副会长

河南省职业技术学院客座教授

享受国务院政府特殊津贴

开封陈家菜省级非物质文化遗产传承人

河南鲁班张餐饮技术总监

—— 陈伟

1986 年，陈伟开始随祖父陈景和、叔父陈长安学习厨艺。

1990 年，在开封市及河南省首届"创业杯"青工烹调大赛中均夺得第一名，被共青团河南省委命名为"新长征突击手""烹调技术能手"。同年 11 月在全国首届"创业杯"青工烹调总决赛中获最佳奖。1993 年当选为开封市人大代表，在河南省第三届烹饪大赛中获得第二名，勇夺冷拼、热菜两枚金牌。被评为"河南省优秀厨师"。同年 10 月，在全国第三届烹饪比赛中，获得两枚金牌，狄团体赛金杯。1999 年在全国第四届烹饪比赛中获金牌。2006 年在全国首届厨艺绝技演示暨鉴定大会上获得"最佳绝活奖"和"厨艺超群奖"。2007 年由中国烹饪协会名厨专业委员会推荐分别参加了 3 月 18 日"中国第三届火锅美食节开幕式"、4 月 18 日"中国烹饪协会成立 20 周年庆典"和 5 月 18 日"香港回归十周年全国名厨荟萃为公益"大型活动，表演的"气球上切肉丝"和"蒙眼整鸭脱骨"技术精湛、刀工精细，多次获得最佳绝活表演奖。2007 年 12 月获"河南烹饪成就奖"和"河南餐饮文化建设突出贡献奖"。2010 年获"中华名厨白金奖"。2012 年荣获"中国豫菜百杰"称号。2013 年 12 月在马来西亚世界烹饪大赛上担任评委。2015 年 9 月获全国最美厨师入围奖。 2016 年 4 月荣获"中国烹饪艺术家"称号。2017 年 5 月被中国烹饪协会评选为"餐饮 30 年杰出人物"。2017 年 5 月担任"一带一路"国际美食艺术大赛评委。2018 年 3 月获河南省餐饮"金鼎奖"。2018 年 5 月获得"中国餐饮改革开放 40 年技艺传承突出贡献人物奖"。2020 年获"郑州市五一劳动奖章"。2020 年被评为中原大工匠。2020 年陈伟大师工作室被河南省人社厅评为省级大师工作室。陈伟被中国烹饪协会评为"2020 年度中国最美厨师"。2021 年获"河南省五一劳动奖章"。2021 年分别当选中国烹饪协会名厨专业委员会副主席、世界中餐业联合会国际中餐名厨专业委员会副主席。

陈伟以名厨世家百年陈家菜为特色元素，以弘扬豫菜饮食文化为宗旨，以努力复兴豫菜为己任。陈伟不仅精通豫菜，旁通川、鲁、粤、扬等菜系主要技法，同时还非常注重技术经验的总结，1990 年至今分别在《中国烹饪》《餐饮世界》《东方美食》《四川烹饪》《餐饮文化》《中国大厨》等杂志上发表百篇创新菜肴文章，著有《新派热菜》《创意菜肴与果雕》《中国官府菜》《鼎立中原》《中和大味》《名厨世家》等书。

陈伟培养的多名弟子分别在河南省及全国烹饪大赛中获得金牌。

崔超锋

中国烹饪名师、国家高级烹饪技师，师从河南百年陈家菜第五代传人陈伟先生，现任河南鲁班张葱烧海参酒店行政总厨。

从厨 20 年来刻苦钻研烹饪技艺，精通豫菜，旁通川、鲁、粤、扬等菜系的烹饪技法。2017 年参加第三届郑州市职业中式烹调技能大赛获得第一名。2018 年参加河南省第五届豫菜品牌大赛团体赛获特金奖，个人赛获特金奖。2019 年参加全国"一带一路"美食艺术伊尹赛团体赛获特金奖，个人赛获特金奖。2020 年参加全国第五届饭店行业职业技能大赛个人赛获第一名特金奖；被评为河南省技术能手；成为"大葱烧海参"制作技艺非物质文化遗产传承人。2021 年当选河南省新密市劳动模范；被评为橄榄中国·餐厅大奖 2021 年度新锐名厨。

因擅长烹饪海参系列菜肴被餐饮界同行称为"海参王子"。

陈治宇

河南百年陈家菜非物质文化遗产第六代传承人。

1998年出生于开封。2021年大学毕业后，入职鲁班张葱烧海参酒店跟随父亲陈伟学习厨艺，因受家庭的影响，从小就对烹饪有极大的兴趣与热爱，加上勤奋好学、努力钻研，很快就融入其中，掌握了豫菜的主要烹饪技法，擅长冷菜制作、吊汤工艺，以及家传名菜"套四宝""葱烧海参""莲花鸭签"的烹饪制作。代表作品有"大耐糕""脆皮葫芦鸽""鲍脯黄香管""生腌牡丹虾"等。

2023年参加郑州市第十九届职工技术运动会创新豫菜技能竞赛，获得郑州市技术标兵称号。同年7月，参加河南省第八届烹饪技能大赛获得特金奖。

目录

海参概述

认识海参

　　海参，又名海黄瓜、海鼠，是生长在海洋底层岩石上或海藻间的一种棘皮动物。海参在地球上已生存了几亿年，拥有悠久的历史。

　　海参在全球约有千种。中国独有的就有一百多种，主要分布于两广和海南沿海，以及黄海、渤海等地。

　　海参与燕窝、鲍鱼、鱼翅等共同列为"八珍"，是稀有且珍贵的烹饪原料。我国食用海参的历史可追溯至三国时期，当时吴国的将领、丹阳太守沈莹在其所著《临海水土志》中记载有海参，由于当时所采用的烹饪方式多为"炙"（也就是火烤），因而不能领略其美味，所以给海参起了一个很卑贱的名称"土肉"。

魏晋时期，由于烹饪技法的提高，海参开始成为宴席中的佳肴。晋朝名士郭璞在《江赋》中有"玉珧海月，土肉石华"的表述，开始将"土肉"（海参）同"玉珧"（牛角江珧蛤）、"石华"（一种贝类）等名贵食材相提并论。

在明代，海参被真正列为海味珍品。谢肇淛撰写的《五杂俎》认为海参其性温补，足敌人参，故名海参。

清代则有大量的文献记载了海参的食用价值与药用价值。袁枚的《随园食单》详细记录了海参的烹饪方法，赵学敏编写的《本草纲目拾遗》介绍了海参的药用功效。

海参品类

在中国独有的一百多种海参中，具有食用价值的有二十多种。
海参一般可分为刺参和光参两个大类。
刺参主要以辽参、关东参、梅花参、绿刺参、糙刺参等为代表。
光参主要以黄玉参、辐肛参、黑海参、玉足海参等为代表。

辽参

辽参（也称大连海参），产自大连渤海湾冷水域，野生，肉厚，生长慢，坚硬，韧性好。基本特点是多刺、夏眠、生长期长。

梅花参

梅花参是海参纲中个头最大的一种，因背上每 3~11 个肉刺基部相连呈花瓣状，故名"梅花参"。又因体形很像凤梨，也称"凤梨参"。梅花参个体大，品质佳，为食用海参中较好的一种。

黄玉参

黄玉参是光参类中品质最好的一种，因其涨发后有玉的质感，故名黄玉参，主要产于中国南海和澳大利亚。颜色原为土黄色，干货偏白，形状是圆筒形，背部有许多疣状突起，腹面略平坦。黄玉参有较高的食用价值和药用价值。

俄罗斯海参

俄罗斯海参生活于极寒之地，生长周期长，生长缓慢，成品海参在 6 年以上，营养特别丰富，因此很名贵，品质很好。

关西参

关西参产于日本关西一带，生长地区的海水温度较低，所以生长缓慢，需多年才能长成成参，因而营养丰富，品质上乘。

关东参

关东参即日本红参，是品质非常好的一种海参，主产于日本北海道，参体背面均匀排列六排刺，腹面较平坦，灰黑色。

海参臻味

白海参

白海参又名白玉参、白刺参，不仅数量极少，而且对生存水质的要求极为苛刻。如果海水受到轻微污染，白海参就无法存活。通体乳白、白得透明的为上等白海参，身上带有黄色的质量稍次。

绿刺参

绿刺参呈四方柱形，俗称方柱参，体长达 30 厘米，呈浓绿色或黑绿色，肉刺顶端为橙黄或橙红色，触手基部灰白色，末端带灰黑色，管足为灰黑色。绿刺参为我国重要的经济参类之一。

黄海参

黄海参是一种主要分布于印度洋的海参品种。体呈圆筒状，前端较细。生活时背面多为浅褐带草黄色，但随着环境的不同，色泽的深浅常有差异；腹面颜色较浅，多为草黄或稍带白色。

陆氏花海参

陆氏花海参产于山东青岛等地。体呈圆筒状。体色灰褐，管足浅褐色，末端色暗。

青森海参

青森县位于日本本州岛最北端，是日本自然环境最优越的地方之一、日本长寿县之一，青森海参同北海道海参一样，生长于没有任何人工干预的自然海域中，以海底有机物为食，肉质厚实。

明秃参

明秃参干体长 3~8 厘米，肉质厚，外表呈光秃状，因此又称秃参。生长在大洋洲珊瑚海域。

南美刺参

南美刺参，也叫南美参，主要产自墨西哥湾海域，所以也叫墨西哥刺参。腹部两侧各有一排刺，类似海参的足，所以也称南美足参或墨西哥足参。因其粗短肥厚，国内也有人称其为肥仔参。这种海参加工成的干参，营养含量很高，肉质肥厚，口感可以跟辽参媲美，但营养价值又高于辽参。

小黑参

小黑参生活于美洲太平洋海域，生长周期在 3~15 年，营养物质和活性物质的积累优于黄海、渤海生长的刺参。

猪婆参

猪婆参腹部两侧各有一排粗壮的刺，类似母猪的乳头，因而被称作猪婆参。猪婆参分白猪婆参、花猪婆参和黑猪婆参三种，其中花猪婆参又叫麻石参，它们的名字是根据加工后的干参的表面颜色来命名的，白猪婆参的表皮是白色的，花猪婆参的表皮有花纹，黑猪婆参的表皮是黑色的。

金沙参

金沙参产于澳大利亚东北海岸的金山海域，赤道暖流和南极寒流在此交汇，自然生态环境极佳，两大海流带来丰富的营养物质，使得这一海域盛产顶级的珍稀海产。金沙参优质蛋白含量高，富含人体所需的多种微量元素，"海参肽""海参皂苷"等含量在海参家族中名列前茅。

加工工艺

淡干海参

淡干海参是通过对新鲜海参去内脏、清洗、沸煮、缩水、自然晾晒而制成的海参产品。在海参加工过程中，淡干海参不人为添加任何添加物。淡干海参是海参产品中的极品，无糖无水，方便储藏。

盐干海参

与淡干海参相比，盐干海参增加了腌渍程序，即将煮过的海参加盐拌匀盛入大瓷缸，缸口用一层厚盐封严，腌渍 15 天后出缸，然后将腌渍海参的原汤中再加盐放入锅中烧开，将海参下锅煮后捞出，晒干即可。盐干海参表面覆盖了一层厚厚的盐，所以线条较粗，颜色通常为灰白色，含盐量高，营养成分有较大流失。

盐渍海参

盐渍海参是将煮过的鲜海参直接放入盛有盐水的容器中保存。盐渍海参营养成分流失较多，颜色略黑，价格便宜，发制要比干海参简单。

处理工艺
干海参水发工艺

储
储存

将涨发好的海参放入纯净水中，置入冰箱冷藏室，再次浸泡 12 小时，即可烹调使用。

注
备注

发好的海参尽量在五天内使用，每天换一次水，冷藏温度 0~5℃。如需较长时间保存则需要冷冻起来。

洗

清洗

将泡软的海参从腹部的开口纵向剪开，去掉头部的海参牙（白色石灰状硬物）等，将海参洗干净。

煮

水煮

在洁净的锅中加入适量的纯净水，将洗干净的海参放入，烧开后盖锅盖焖12小时，待水凉后反复加热两次。

泡

浸泡

将干海参放入洁净的容器中，加纯净水浸泡12小时，纯净水的量要没过海参多一些。

干海参火燎水发工艺

储

储存

将发好的海参捞出，放在纯净水中。放入冰箱冷藏存放。

洗

清洗

将泡软的海参从腹部的开口纵向剪开，洗干净，放水中再反复加热三次。

泡

泡煮

将刮好的海参放入水中浸泡 12 小时。然后上火加热，水烧开后关火，闷泡 5 小时。

刮

刀刻

将淬火后的海参捞出，用刀将烧焦的海参皮刮去。

淬

淬火

将烧焦的海参放入冷水中淬火。

燎

火燎

将海参放在火上，用火燎，将海参表面的皮烧焦。

储

储存

把海参放入冰箱冷藏室内，8小时后即可使用。

煮

压煮

把活海参放入压力锅中压制15分钟，取出放入纯净水中。

取

取肠

将活海参顺长剪开肠子取出，洗净。

洗

清洗

将活海参洗干净。

盐渍海参处理工艺

储
储存

把海参放在冰箱冷藏室内，8小时后即可使用。

煮
压煮

把盐渍海参放入压力锅中压制15分钟，取出放入纯净水中。

取

取肠

把盐渍海参用剪刀顺长剪开，取出海参肠后洗净。

泡

浸泡

将盐渍海参放入洁净的容器中，洗净，再放入清水中浸泡 3 小时，去除盐味。

海参食赏
经典篇

鲁班张
葱烧海参

葱
烧
海
参

TASTE SEA CUCUMBER

食 材 INGREDIENTS

主料：水发俄罗斯野生海参 500 克。

配料：山东章丘大葱 100 克，红头菜心 4 棵。

调料：海参汤 400 克，葱油 100 克，李锦记金标生抽 10 克，李锦记草菇老抽 2 克，李锦记旧庄蚝油 20 克，三合油 100 克。

做 法 STEPS

1. 俄罗斯野生海参切成 2 厘米长的段。章丘大葱清洗干净后切成寸段。

2. 将切好的大葱段炸至金黄色，捞出。海参段和红头菜心分别焯水，待用。

3. 炒锅中添入三合油，下入炸好的葱段、海参段，再加入海参汤、李锦记金标生抽、李锦记草菇老抽、李锦记旧庄蚝油，用小火收汁约 25 分钟，待汤汁黏稠时淋入葱油，出锅装盘，用焯过水的红头菜心围边即可。

特 点 FEATURES

葱香浓郁，海参糯弹，回味悠长。

注：葱烧海参制作技艺，被列入郑州市非物质文化遗产代表性项目。

食 材 INGREDIENTS

主料：水发海参 100 克。

配料：手工面条 150 克，西红柿 100 克，鸡蛋 2 个，黑木耳 10 克，茄子 100 克，豆角 80 克，青红辣椒 30 克，葱 20 克，黄瓜 50 克，荆芥 50 克，蒜泥 30 克，十香菜 20 克。

调料：盐 5 克，酱油 10 克，豆豉辣酱 5 克，十三香 1 克，食醋 10 克，辣椒油 3 克，蚝油 3 克，小磨香油 5 克，精炼油 500 克，高汤 250 克。

做 法 STEPS

1. 西红柿切成滚刀块，茄子切成丁，黄瓜切成丝，豆角切成段，葱切成葱花，青红辣椒切圈，十香菜切碎。

2. 炒锅中加入适量精炼油，先将鸡蛋炒至金黄出锅待用，下入一半葱花、西红柿，放入适量盐、酱油，翻炒均匀，加入鸡蛋，翻炒后出锅，装入碗中待用。

3. 炒锅中加入精炼油，放入茄丁、豆角段炸一下捞出。锅内留少许底油，下入剩余的葱花、豆豉辣酱、辣椒圈、木耳，以及炸制后的茄丁、豆角段一起炒制，加入十三香与适量高汤、盐、酱油，翻炒出锅，装入另一碗中待用；炒锅加入蚝油与适量高汤、盐、酱油，放入海参，小火烧至汤汁黏稠后出锅装盘。

4. 蒜泥中加入食醋、小磨香油、辣椒油与适量盐，调成蒜油汁。

5. 锅中加水烧开，下入手工面条，煮熟捞出。

6. 将煮好的面条盛入碗中。可根据个人口味放入荆芥、黄瓜、十香菜，进行调制。

特 点 FEATURES

口味多样，海参浓香。

注：陈伟参与起草制定本菜品郑州市烹饪技艺标准。

海参捞面 TASTE SEA CUCUMBER

龙虾汤绣球海参 TASTE SEA CUCUMBER

食 材 INGREDIENTS

主料：水发海参 300 克。

配料：水发瑶柱 30 克，火腿粒 30 克，虾胶 200 克，马蹄粒 20 克，蟹肉 50 克，鸡蛋 2 个。

调料：盐 5 克，绍酒 8 克，味精 5 克，清汤 200 克，湿生粉 10 克，龙虾汤 100 克，精炼油 80 克。

做 法 STEPS

1. 水发海参切成细条，水发瑶柱用手撕成细丝。

2. 虾胶中加入马蹄粒、蟹肉、盐 2 克、绍酒 5 克，搅打上劲后，用手挤成核桃大小的丸子，表面粘匀海参细条，逐个做好后，上面用瑶柱和火腿粒点缀，制作成绣球海参，上笼蒸 5 分钟后取出，摆放在盘中。

3. 将龙虾汤与鸡蛋搅匀倒入汤盅内，上笼蒸 5 分钟，取出，中间放上绣球海参。

4. 炒锅中添入精炼油、清汤、绍酒 3 克、盐 3 克，待汁沸腾后勾入湿生粉，出锅均匀地浇在绣球海参上面。

特 点 FEATURES

形似绣球，鲜香适口。

松茸扣刺参

TASTE SEA CUCUMBER

食 材 INGREDIENTS

主料：水发刺参 1 条（约 80 克）。

配料：松茸 50 克，芥蓝 30 克。

调料：海参汁 50 克，蚝油 10 克，绍酒 5 克，老抽 1 克，生抽 5 克，湿生粉 5 克，鸡油 50 克，高汤 500 克，葱油 10 克。

做 法 STEPS

1. 水发刺参从里面刻上一字花刀，松茸、芥蓝切片，放入开水中氽一下捞出。

2. 炒锅中添入鸡油置旺火上，添入高汤、刺参、松茸、海参汁、蚝油、绍酒、老抽、生抽，用小火烧制 30 分钟后，勾入湿生粉，淋入葱油出锅装盘，用芥蓝点缀即可。

特 点 FEATURES

海参软糯，松茸味浓。

小米生蚝烩海参

TASTE SEA CUCUMBER

食 材 INGREDIENTS

主料：水发关东参 1 条（约 100 克）。

配料：生蚝 1 只，小米 100 克，胡萝卜粒 10 克，芥蓝粒 10 克，
瑶柱丝 10 克。

调料：盐 5 克，绍酒 5 克，高汤 300 克，湿生粉 10 克，
葱油 10 克，鸡油 50 克。

做 法 STEPS

1. 将小米煮粥。将其他主料、配料分别放入开水中汆一下
捞出。

2. 炒锅中添入鸡油置旺火上，下入高汤、绍酒、盐及主料、
配料，烧开后转用小火煨制 10 分钟后，勾入湿生粉，淋
葱油后出锅，与小米粥一起盛入盘中。

特 点 FEATURES

米香汤鲜，海参软糯。

玉米汁烩海参

食 材 INGREDIENTS

主料：水发辽参 1 条（约 60 克）。

配料：橄榄鱼丸 3 个，黄瓜 50 克，胡萝卜 3 克。

调料：鲜玉米汁 250 克，盐 8 克，白糖 2 克，绍酒 5 克，湿生粉 10 克，鸡油 80 克，葱油 10 克，高汤 500 克。

做 法 STEPS

1. 将水发辽参、橄榄鱼丸放入锅中，加入鲜玉米汁、盐、白糖、绍酒、鸡油、高汤，烧制 10 分钟。

2. 勾入湿生粉，淋入葱油，盛出，摆出造型，用黄瓜、胡萝卜点缀即成。

特 点 FEATURES

海参软糯，玉米味浓。

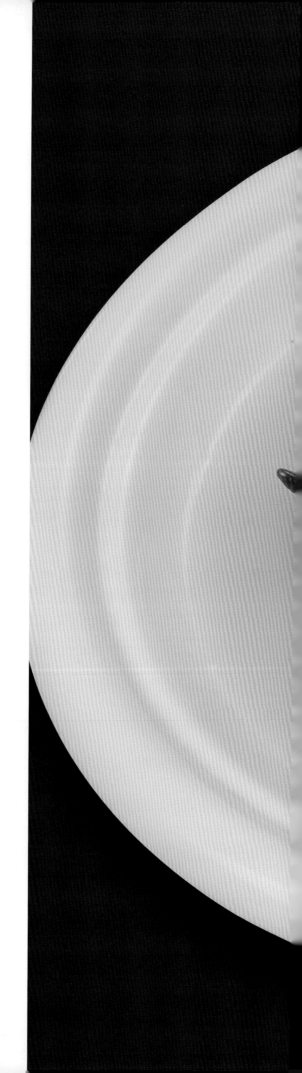

黑松露海参烩三宝

食 材 INGREDIENTS

主料：水发关东参1条（约50克）。
配料：黑松露30克，鲜鲍鱼1只，鲜鮰鱼肚1只，铁棍山药30克，葱段30克，姜片10克。
调料：蚝油10克，黑松露油10克，绍酒5克，生抽5克，白糖3克，湿生粉5克，高汤500克，三合油50克。

做 法 STEPS

1. 黑松露剁成碎粒，鲍鱼表面刻上花刀，山药切成寸段，关东参与鮰鱼肚分别刻上一字花刀，放入开水中氽一下捞出。
2. 炒锅置旺火上，下入三合油、葱段、姜片、黑松露碎炝锅，再下入高汤、鮰鱼肚、关东参、鲍鱼、山药、蚝油、绍酒、生抽、白糖，烧制30分钟后勾入湿生粉，淋入黑松露油，出锅装盘即可。

特 点 FEATURES

松露味浓，海参软糯。

关 东 参 扣 生 蚝

TASTE SEA CUCUMBER

食 材 INGREDIENTS

主料：进口大生蚝 1 只，水发关东参 1 条。

配料：西蓝花 1 朵，葱段 20 克，姜片 10 克。

调料：鲍鱼汁 10 克，李锦记旧庄蚝油 10 克，李锦记草菇
老抽 2 克，李锦记天成一味 5 克，绍酒 10 克，盐 5 克，
湿生粉 10 克，高汤 500 克，花生油 50 克。

做 法 STEPS

1. 进口大生蚝洗净，将生蚝肉取出。砂锅添入高汤，下葱段、
姜片、绍酒、盐、生蚝肉，开锅转小火煨制 10 分钟。西蓝花、
水发关东参分别放入开水中飞一下。

2. 炒锅中添入花生油，加入鲍鱼汁、李锦记旧庄蚝油、李
锦记草菇老抽、李锦记天成一味、关东参以及煨制过的生
蚝肉，烧制入味后勾入湿生粉，出锅装盘，放上西蓝花即可。

特 点 FEATURES

色泽红亮，软糯适口，营养丰富。

海马鳄鱼炖海参

TASTE SEA CUCUMBER

食 材 INGREDIENTS

主料：水发关东参 1 条（约 150 克）。

配料：海马 1 条，虫草 2 根，鳄鱼肉 150 克，牛鞭 100 克，红枣 1 颗，瑶柱 1 粒，姜片 10 克，葱段 20 克。

调料：盐 3 克，绍酒 5 克，高级清汤 300 克。

做 法 STEPS

将牛鞭剞菊花花刀，与水发关东参、鳄鱼肉一起放入开水中汆一下捞出，放入汤盅，加入其余食材，上笼蒸 2 小时，即可食用。

特 点 FEATURES

海参软糯，汤鲜味厚，营养丰富。

虫草龙筋扣关东参

食材 INGREDIENTS

主料：水发关东参 1 条（约 60 克）。

配料：虫草 2 根，龙筋 100 克，葱段、姜片、蒜子各 50 克，菜心 1 棵，胡萝卜适量。

调料：鲍鱼汁 100 克，海参汤 200 克，李锦记蚝油 10 克，李锦记生抽 10 克，绍酒 10 克，白糖 10 克，三合油 80 克。

做法 STEPS

1. 将龙筋与关东参分别放入开水中氽一下捞出。

2. 炒锅置中火上，添入三合油，下入葱段、姜片、蒜子，炸出香味，加入海参汤、鲍鱼汁、蚝油、生抽、绍酒、白糖、海参、龙筋，烧开后换小火，煨 15 分钟后，下入虫草，再烧 2 分钟，出锅盛入盘中，将菜心焯熟，放在盘边，用胡萝卜等点缀即可。

特点 FEATURES

龙筋筋香，海参糯弹，营养丰富。

芡实烧海参

食材 INGREDIENTS

主料：水发海参 1 条（约 80 克）。
配料：水发芡实 30 克，葱段 20 克。
调料：李锦记财神蚝油 30 克，金标生抽 10 克，白糖 10 克，绍酒 8 克，海参汤 300 克，三合油 50 克，葱油 20 克。

做法 STEPS

1. 水发海参与水发芡实分别放入开水中氽一下捞出。
2. 炒锅添入三合油置中火上，下入葱段炸黄，添入海参汤、海参、芡实、蚝油、金标生抽、白糖、绍酒，烧开后转小火烧制 15 分钟，待汤汁黏稠时，淋入葱油，盛入盘中，适当点缀即可。

特点 FEATURES

海参软糯，芡实筋香。

玉米汁龙脆烩海参

食材 INGREDIENTS

主料：水发辽参1条（约60克）。

配料：龙脆30克，西蓝花1朵。

调料：鲜玉米汁250克，盐8克，白糖2克，绍酒5克，湿生粉10克，鸡油80克，葱油10克，高汤500克。

做法 STEPS

1. 水发辽参、龙脆放入开水中氽一下。

2. 锅中添入鲜玉米汁、高汤、水发辽参、龙脆、盐、白糖、绍酒、鸡油，烧制10分钟，勾入湿生粉，淋葱油，盛入盘中，点缀焯熟的西蓝花即成。

特点 FEATURES

海参软糯，龙脆爽口。

瑶柱野米扣关东参

食 材 INGREDIENTS

主料：水发关东参 1 条（约 60 克）。

配料：水发瑶柱 2 粒，熟野米 100 克，银杏 5 粒，枸杞 1 粒，西蓝花 1 朵。

调料：海参汤 200 克，李锦记蚝油 10 克，李锦记生抽 10 克，绍酒 10 克，白糖 10 克，三合油 80 克，湿生粉 10 克，明油 10 克。

做 法 STEPS

1. 将水发瑶柱、银杏、枸杞、西蓝花与海参分别放入开水中氽一下捞出。

2. 炒锅置中火上，添入三合油，下入海参汤、蚝油、生抽、绍酒、白糖、海参、瑶柱，烧开后换小火煨 15 分钟，勾入湿生粉，淋入明油，出锅盛入盘中，将熟野米与银杏、枸杞、西蓝花摆放在盘边。

特 点 FEATURES

海参软糯，野米筋香。

竹荪扣辽参

食材 INGREDIENTS

主料：水发辽参 11 条（约 550 克）。

配料：竹荪 100 克，鱼糊 100 克，蛋黄 100 克，菜心 11 棵。

调料：蚝油 10 克，生抽 5 克，鲍鱼汁 20 克，盐 5 克，绍酒 5 克，湿生粉 10 克，葱油 10 克，高汤 500 克，熟猪油 80 克。

做法 STEPS

1. 竹荪酿入蛋黄、鱼糊后，上笼蒸 3 分钟取出，切成 2 厘米长的段，摆放在小碗中，加入盐、绍酒、高汤 100 克，上笼蒸 10 分钟后，取出扣在盘中间。

2. 锅中加入熟猪油、蚝油、生抽、鲍鱼汁、海参，烧制 20 分钟，勾入湿生粉，淋葱油，出锅与焯熟的菜心间隔放在盘边即可。

特点 FEATURES

海参软糯，竹荪清香。

葛仙米炖海参

食 材 INGREDIENTS

主料：水发海参 1 条（约 80 克）。

配料：水发葛仙米 50 克，菜心 1 棵，枸杞 1 粒。

调料：盐 5 克，绍酒 8 克，高级清汤 300 克。

做 法 STEPS

1. 水发海参、水发葛仙米、菜心、枸杞分别放入开水中汆一下捞出。

2. 锅中添入高级清汤、盐、绍酒、水发海参、水发葛仙米，炖制 10 分钟，盛入汤盅。用菜心和枸杞点缀即可。

特 点 FEATURES

汤清味醇，海参软糯。

河豚烧海参

TASTE SEA CUCUMBER

食 材 INGREDIENTS

主料：河豚 1 条（约 500 克）。

配料：水发海参 1 条（约 100 克），春笋片 50 克，草头菜 50 克，葱段、姜片、蒜子各 30 克。

调料：蚝油 30 克，生抽 10 克，白糖 10 克，绍酒 10 克，草菇老抽 1 克，湿生粉 10 克，高汤 500 克，熟猪油 80 克。

做 法 STEPS

1. 河豚宰杀洗净去皮，用清水反复冲洗。

2. 将河豚用熟猪油煎一下，加入葱段、姜片、蒜子、高汤、蚝油、生抽、草菇老抽、白糖、绍酒、水发海参、春笋片一起烧制，入味后勾湿生粉，摆入盘中，放入焯过水的草头菜即可。

特 点 FEATURES

海参软糯，河豚嫩香。

虫草生蚝关东参

食 材 INGREDIENTS

主料：水发关东参1条（约100克）。

配料：水发虫草2条，生蚝1只（约80克），松茸20克，葱段、姜片各20克，西蓝花1朵。

调料：李锦记蚝油30克，鲍鱼汁50克，李锦记生抽8克，绍酒10克，白糖5克，高汤200克，精炼油30克。

做 法 STEPS

1.将水发关东参、生蚝、水发虫草、西蓝花分别氽一下捞出。

2.炒锅添入精炼油，下入葱段、姜片炒香后，下入高汤、水发关东参、水发虫草、生蚝、松茸与调料，用中火烧制15分钟后，出锅装入盘中，用西蓝花点缀。

特 点 FEATURES

海参软糯，蚝肉鲜美。

鲍鱼汁黄玉参

食材 INGREDIENTS

主料：水发黄玉参 600 克。

配料：西蓝花 100 克，葱段 50 克，姜片 30 克。

调料：李锦记旧庄蚝油 20 克，金标生抽 10 克，
绍酒 10 克，鲍鱼汁 50 克，白糖 5 克，高汤 500 克，
三合油 100 克，香油 10 克。

做法 STEPS

1. 西蓝花、水发黄玉参分别放入开水中氽一下捞出。

2. 炒锅中添入三合油置中火上，下入葱段、姜片炸香后，
添入高汤、蚝油、金标生抽、绍酒、鲍鱼汁、白糖、黄玉参，
用小火烧制约 30 分钟，待汤汁黏稠时，淋入香油，出锅
盛入盘中，西蓝花点缀在盘边即可。

特点 FEATURES

黄玉参软烂，鲜香适口。

鸡汤四宝活海参

食 材 INGREDIENTS

主料：活海参2条（约100克）。

配料：活鲍鱼2只，羊肚菌50克，人参1条，西蓝花1朵。

调料：盐8克，绍酒5克，胡椒粉1克，湿生粉10克，葱油10克，鸡油80克，高汤500克。

做 法 STEPS

1. 活海参宰杀后洗净，与鲍鱼放在压力锅中压制10分钟后取出，鲍鱼刻十字花刀，海参从里面剖上一字花刀。西蓝花在开水中焯一下。

2. 炒锅添入鸡油，置旺火上，下入海参、鲍鱼、羊肚菌、人参、盐、绍酒、胡椒粉、高汤，烧制20分钟，勾入湿生粉，出锅时淋葱油，装盘，摆上西蓝花即可。

特 点 FEATURES

海参脆嫩，鲍鱼鲜香。

桂花香芒烩海参

食 材 INGREDIENTS

主料：水发海参 1 条（约 60 克）。
配料：芒果肉 200 克，糖桂花 20 克。
调料：矿泉水 100 克，冰糖 50 克。

做 法 STEPS

1. 水发海参加入矿泉水、冰糖炖制 10 分钟。
2. 芒果肉、糖桂花放入搅拌机中打碎，取出盛入盘中，将入味的海参放在上面即可。

特 点 FEATURES

果香四溢，海参微甜。

芙蓉蟹粉炒海参

食 材 INGREDIENTS

主料：水发黄玉参 200 克。

配料：手拆蟹粉 100 克，蛋清 4 个，蛋黄 5 个，银芽 50 克，姜蓉 20 克。

调料：盐 6 克，绍酒 10 克，清汤 50 克，精炼油 500 克，葱油 10 克。

做 法 STEPS

1. 将水发黄玉参直刀切成 3 毫米厚的海参片，放入开水中氽一下捞出。

2. 将蛋清与蛋黄分别加入盐 2 克，搅打均匀后分别放入两成热的精炼油中，划散开呈芙蓉状后，出锅浧油，待用。

3. 炒锅添入精炼油 30 克，置旺火上，下入姜蓉炝一下锅，再下入蛋清、蛋黄芙蓉以及水发黄玉参片、手拆蟹粉、银芽，加入盐 2 克、绍酒、清汤，旺火翻炒两下，淋入葱油即可装盘。

特 点 FEATURES

芙蓉软嫩，蟹肉熏香，海参软糯。

脆皮海参

食 材 INGREDIENTS

主料：水发海参 1 条。

配料：胡萝卜 50 克，莴笋 50 克，葱姜蒜蓉各 10 克。

调料：蒜蓉辣椒酱 20 克，脆炸粉 50 克，海参汤 100 克，精炼油 500 克。

做 法 STEPS

1. 将水发海参放入开水中氽一下捞出，放入海参汤中浸泡 3 小时入味。胡萝卜、莴笋分别雕刻成绣球形状，放入开水中焯熟捞出。

2. 把入味后的海参挂上脆炸粉放入五成热的精炼油中，炸熟后捞出，摆放在盘中。炒锅置旺火上，添入精炼油 10 克，下入葱姜蒜蓉炝锅后，再下入蒜蓉辣椒酱，炒香后淋在海参表面，胡萝卜、莴笋绣球点缀在盘边即可。

特 点 FEATURES

海参外脆里嫩，香辣适口。

海参芝士焗土豆

食材 INGREDIENTS

主料：荷兰土豆 3 个（约 500 克）。

配料：海参粒 100 克，青红椒粒各 30 克，芝士碎 100 克，洋葱粒 50 克。

调料：盐 5 克，鸡精 5 克，黑胡椒 3 克，葱油 10 克。

做法 STEPS

1. 荷兰土豆放入烤箱，200 ℃烤 30 分钟，挖出土豆泥，留下土豆外壳备用。

2. 海参粒与挖出的土豆泥、青红椒粒、洋葱粒放在一起，加入盐、鸡精、黑胡椒、葱油调成馅，将调好的馅放入土豆外壳，上面撒上芝士碎，放进烤箱，220 ℃烤 10 分钟，取出装盘即可。

特点 FEATURES

土豆泥细软，芝士味浓鲜香。

金汤刺河豚皮海参

食材 INGREDIENTS

主料：水发海参 100 克。
配料：刺河豚皮 100 克。
调料：金汤汁 100 克，盐 3 克，绍酒 6 克，湿生粉 5 克，精炼油 20 克。

做法 STEPS

1. 将水发海参与刺河豚皮分别切成 3 厘米长、2 厘米宽的片，放入开水中汆透，捞出。
2. 炒锅添入精炼油，置火上，下入金汤汁、盐、绍酒，待汁沸后下入刺河豚皮与海参片烧制 5 分钟，勾入湿生粉，出锅盛入盘中。

特点 FEATURES

汤汁金黄，豚皮软滑，海参筋道。

鳄鱼龟扣关东参

食 材 INGREDIENTS

主料：水发关东参 1 条（约 100 克）。

配料：鳄鱼龟 100 克，蒜子 30 克，西蓝花 100 克，葱段 30 克，姜片 20 克，大料 30 克。

调料：鲍鱼汁 50 克，蚝油 10 克，绍酒 5 克，白糖 5 克，生抽 5 克，老抽 2 克，湿生粉 5 克，胡椒粉 2 克，鸡油 50 克，葱油 10 克，高汤 500 克。

做 法 STEPS

1. 水发关东参、鳄鱼龟肉与西蓝花分别放入开水中余一下捞出。

2. 炒锅置旺火上，添入鸡油，下入葱段、姜片、蒜子、大料炸出香味，放入高汤、鲍鱼汁、蚝油、绍酒、白糖、生抽、老抽、胡椒粉、水发关东参与鳄鱼龟肉，用小火烧制 40 分钟后，勾入湿生粉，淋葱油，出锅盛入盘中，西蓝花摆放在盘边即可。

特 点 FEATURES

龟肉酥烂，海参浓香。

鳄鱼尾扣关东参

TASTE SEA CUCUMBER

食 材 INGREDIENTS

主料：水发关东参 1 条（约 100 克）。

配料：鳄鱼尾 300 克，蒜子 30 克，葱段 30 克，姜片 20 克，大料 30 克。

调料：鲍鱼汁 50 克，蚝油 10 克，绍酒 5 克，白糖 5 克，生抽 5 克，老抽 2 克，湿生粉 5 克，胡椒粉 2 克，鸡油 50 克，葱油 10 克，高汤 500 克。

做 法 STEPS

1. 鳄鱼尾切成 3 厘米长的段，水发关东参、鳄鱼尾分别放入开水中氽一下捞出。

2. 炒锅置旺火上，添入鸡油，下入葱段、姜片、蒜子、大料炸出香味，加入高汤、鲍鱼汁、蚝油、绍酒、白糖、生抽、老抽、胡椒粉、海参与鳄鱼尾，用小火烧制 40 分钟，勾入湿生粉，淋入葱油，出锅盛入盘中，适当点缀即可。

特 点 FEATURES

鱼肉酥烂，海参浓香。

锦绣野米烩关东参

食 材 INGREDIENTS

主料：水发关东参 1 条（约 60 克）。

配料：水发瑶柱 2 粒，熟野米 100 克，银杏 5 粒，红腰豆 5 粒，熟薏米 100 克。

调料：绍酒 10 克，盐 5 克，高汤 400 克，三合油 80 克，明油 10 克。

做 法 STEPS

将水发瑶柱、银杏、熟野米、红腰豆、熟薏米与水发关东参分别放入锅中，加入调料，烧开后转小火烩制 10 分钟，待汤汁黏稠时，起锅盛入盘中。

特 点 FEATURES

海参软糯，米香适口。

蛤士蟆烧海参 TASTE SEA CUCUMBER

食 材 INGREDIENTS

主料：水发关东参 1 条（约 60 克），蛤士蟆 1 只（约 50 克）。

配料：松茸 30 克，西蓝花 1 朵，葱段、姜片、蒜子各 50 克，大料 20 克。

调料：鲍鱼汁 100 克，海参汤 200 克，李锦记蚝油 10 克，李锦记生抽 10 克，绍酒 10 克，白糖 10 克，三合油 80 克。

做 法 STEPS

1. 将蛤士蟆、水发关东参、西蓝花分别放入开水中汆一下捞出。

2. 炒锅置中火上，添入三合油，下入葱段、姜片、蒜子、大料，炸出香味，加入海参汤、鲍鱼汁、蚝油、生抽、绍酒、白糖、水发关东参、蛤士蟆，烧开后换小火煨 15 分钟，下入松茸，再烧 2 分钟，出锅盛入盘中，西蓝花放在盘边即可。

特 点 FEATURES

蛤士蟆鲜嫩，海参糯弹，营养丰富。

海 参 满 坛 香 TASTE SEA CUCUMBER

食 材 INGREDIENTS

主料：水发关东参 1 条（约 100 克），南非干鲍 100 克。

配料：水发鱼翅 50 克，水发花胶 50 克，羊肚菌 30 克，鸽蛋 1 枚，水发裙边 20 克，松茸 10 克，宝塔菜 1 朵。

调料：盐 5 克，花雕酒 20 克，高汤 400 克，三合油 80 克，浙醋 20 克。

做 法 STEPS

1. 将水发关东参、南非干鲍、水发花胶、水发裙边、水发鱼翅、松茸、羊肚菌分别处理改刀后放入开水中汆透捞出，鸽蛋煮熟去皮，都放入汤盅内。宝塔菜焯水备用。

2. 把调料加入汤盅，上笼蒸 2 小时，放上宝塔菜即可。

特 点 FEATURES

原料丰富，口感多样，汤鲜味醇。

海参烧黄香管

食 材 INGREDIENTS

主料：水发海参 1 条。
配料：黄香管 1 根，宝塔菜 1 朵。
调料：西瓜豆酱 30 克，李锦记财神蚝油 15 克，
白糖 5 克，花雕酒 5 克，李锦记生抽 3 克，高汤
250 克，湿生粉 10 克，精炼油 80 克。

做 法 STEPS

1. 黄香管表面剞上蜈蚣形花刀，加入高汤 100 克、
花雕酒，上笼蒸 1 小时，取出待用。将水发海参放
入开水中，氽一下捞出。
2. 炒锅置火上，下入精炼油、西瓜豆酱，炒香后，
再下入蚝油、白糖、生抽、高汤 150 克、海参和黄
香管。烧 10 分钟，待汤汁浓稠时，勾入湿生粉。
出锅盛入盘中，宝塔菜焯熟后点缀在旁边。

特 点 FEATURES

海参软糯弹牙，黄香管脆爽适口。

海
参
胡
辣
汤

TASTE SEA CUCUMBER

食 材 INGREDIENTS

主料：水发关东参 1 条（约 100 克）。

配料：水发黄花菜 30 克，水发木耳 30 克，面筋片 30 克，粉条 20 克，腐竹 10 克，葱姜末各 20 克，香菜 10 克。

调料：胡椒粉 5 克，绍酒 10 克，生抽 10 克，盐 5 克，胡辣汤料粉 30 克，香油 10 克，高汤 500 克，洗面筋水 100 克，香醋 10 克，精炼油 50 克。

做 法 STEPS

1. 将水发关东参切成 1 厘米厚的片，水发黄花菜与腐竹分别切 1 厘米长的段，水发木耳切成丝，分别放入开水中汆一下捞出。

2. 炒锅添入精炼油置旺火上，下入葱姜末炸香后添入高汤，下入所有主料、配料（香菜除外）和胡椒粉、绍酒、生抽、盐、胡辣汤料粉，烧开后勾入洗面筋水，出锅前淋入香油，盛入汤盅内，上席时配香菜、香醋佐食。

特 点 FEATURES

胡辣醇香，汤鲜味美。

海参食赏
凉菜篇

精品海参冻

食材 INGREDIENTS

主料：水发海参8条（约300克）。

配料：猪皮冻300克。

调料：盐3克，绍酒6克，姜汁10克，味精5克，海参汤500克，意大利黑醋10克，绿叶菜10克。

做法 STEPS

1. 水发海参放入开水中汆一下捞出，再放入海参汤中浸泡入味。

2. 猪皮冻加入盐、绍酒、姜汁、味精，烧开后倒入模具内，将入好味的海参逐条放入猪皮冻内，晾凉后从模具内取出，摆放在盘中，用绿叶菜点缀。配意大利黑醋蘸食，颇具风味。

特点 FEATURES

晶莹剔透，咸鲜适口。

姜蓉螺纹参

食 材 INGREDIENTS

主料：水发螺纹参 500 克。

配料：炸姜蓉 150 克，萝卜苗 10 克，葱段、姜块
各 50 克，炸干葱头 50 克，香茅草 30 克。

调料：卤汤 4000 克。

做 法 STEPS

将水发螺纹参切成 3 厘米长的段，加入卤汤、葱段、姜块、
炸干葱头、香茅草，用小火卤制 40 分钟后，取出海参，
摆入盘中，把炸姜蓉分别放在海参上面，将萝卜苗点缀在
姜蓉上面即可。

特 点 FEATURES

风味独特，咸鲜适口。

麻腐海参

TASTE SEA CUCUMBER

食 材 INGREDIENTS

主料：水发黄玉参 200 克。

配料：麻腐 200 克，宝塔菜 5 朵。

调料：红卤汤 1000 克，生抽 10 克，香油 10 克，绍酒 5 克，白糖 3 克，蚝油 10 克，清汤 50 克。

做 法 STEPS

1. 水发黄玉参放入红卤汤中浸泡卤制 30 分钟入味后取出，与麻腐分别切成长方条，加入调料拌均匀后，逐片摆放在盘中。

2. 宝塔菜在开水中焯一下，摆在盘中。

特 点 FEATURES

麻腐筋软，海参味厚，咸鲜可口。

红油蒜蓉金沙参

TASTE SEA CUCUMBER

食　材 INGREDIENTS

主料：水发金沙参 300 克。

配料：细蒜蓉 100 克，红泡椒蓉 50 克。

调料：李锦记旧庄蚝油 7 克，盐 2 克，白糖 2 克，味精 5 克，红油 50 克，蒜油 30 克，李锦记生抽 5 克。

做　法 STEPS

1. 水发金沙参切成 2 厘米长的段，放入开水中汆一下捞出，摆放在盘中。

2. 将配料与调料放在一起，调成红油蒜蓉，浇在盘中海参上面即成。

特　点 FEATURES

汤汁红亮，蒜香四溢。

海参臻味

伊比利亚火腿海参卷

TASTE SEA CUCUMBER

食 材 INGREDIENTS

主料：水发海参 250 克。

配料：熟糯米 100 克，伊比利亚火腿片 100 克，哈密瓜球 50 克，鱼子酱 10 克，生菜叶 50 克，胡萝卜缨 10 克。

调料：海参汤 200 克。

做 法 STEPS

1. 将水发海参放入海参汤中浸泡入味，取出备用。

2. 伊比利亚火腿片表面放上熟糯米，再放上入味的海参、生菜叶，卷成直径 3 厘米粗的卷，直刀切成 2 厘米长的段，摆放在盘中，点缀哈密瓜球、鱼子酱、胡萝卜缨即可。

特 点 FEATURES

制作精细，颇具风味。

海参鹅肝酱塔塔

食材 INGREDIENTS

主料：法国鹅肝 400 克。

配料：水发小海参 200 克，迷迭香 5 克，洋葱粒 50 克，胡萝卜粒 50 克，香菜 50 克，西芹粒 50 克，薄脆盏 100 克。

调料：黄油 50 克，勃艮第酒 80 克，干红酒 30 克，盐 5 克，日本清酒 30 克，味精 5 克，李锦记生抽 10 克，海参汤 500 克。

做 法 STEPS

1. 水发小海参放入开水中汆一下捞出，放入海参汤中浸泡 30 分钟。

2. 法国鹅肝切成小块。炒锅添入黄油置中火上，下入迷迭香、洋葱粒、胡萝卜粒、香菜、西芹粒、鹅肝、勃艮第酒、干红酒、盐、日本清酒、味精、李锦记生抽，一起炒制 10 分钟，出锅晾凉，放入搅拌机中搅碎，过细罗，装入裱花袋，挤在薄脆盏中，将小海参逐个摆放在上面即可。

特 点 FEATURES

鹅肝细滑，制作精美。

海参鹅肝酱冰淇淋筒

食材 INGREDIENTS

主料：法国鹅肝 200 克。

配料：水发海参 100 克，冰淇淋筒 5 个，西芹粒 20 克，胡萝卜粒 20 克，洋葱圈 30 克，香菜 10 克，百里香 2 克。

调料：盐 3 克，黄油 20 克，味精 5 克，绍酒 5 克，勃艮第酒 10 克，红酒 10 克。

做法 STEPS

1.将法国鹅肝切成块，加入勃艮第酒、红酒、西芹粒、香菜、洋葱圈、胡萝卜粒，腌制 20 分钟。水发海参切粒。

2.炒锅添入黄油置旺火上，将腌好的鹅肝、西芹粒、香菜、洋葱圈、胡萝卜粒与海参粒、百里香、盐、味精、绍酒放入锅中，炒熟炒烂后，晾凉，放入搅拌机中，搅打成泥状，放入细罗过一下，再装入裱花袋，均匀地挤在冰淇淋筒中即可。

特点 FEATURES

外脆里嫩，海参味浓，鹅肝酱入口即化。

海参拌黄瓜花

食 材 INGREDIENTS

主料：水发海参9条（300克）。

配料：黄瓜花200克，油爆干辣椒圈10克。

调料：盐3克，生抽5克，麻油10克，绍酒6克，姜汁10克，味精5克，香油10克。

做 法 STEPS

1. 水发海参从中间顺长切开，放入开水中氽一下捞出。

2. 将海参、黄瓜花、油爆干辣椒圈与调料拌匀，装盘即可。

特 点 FEATURES

咸鲜适口，海参弹牙。

玉兰菜海参沙拉

食 材 INGREDIENTS

主料：水发海参 300 克。
配料：玉兰菜 80 克，香椿苗 10 克，红椒粒 30 克。
调料：沙拉酱 50 克。

做 法 STEPS

1. 玉兰菜洗干净放在盘中。
2. 水发海参切成 2 厘米见方的丁，放入开水中焯一下捞出，加入沙拉酱拌匀，放在玉兰菜上面，点缀红椒粒与香椿苗即可。

特 点 FEATURES

玉兰菜脆爽，海参沙拉味醇。

海参臻味

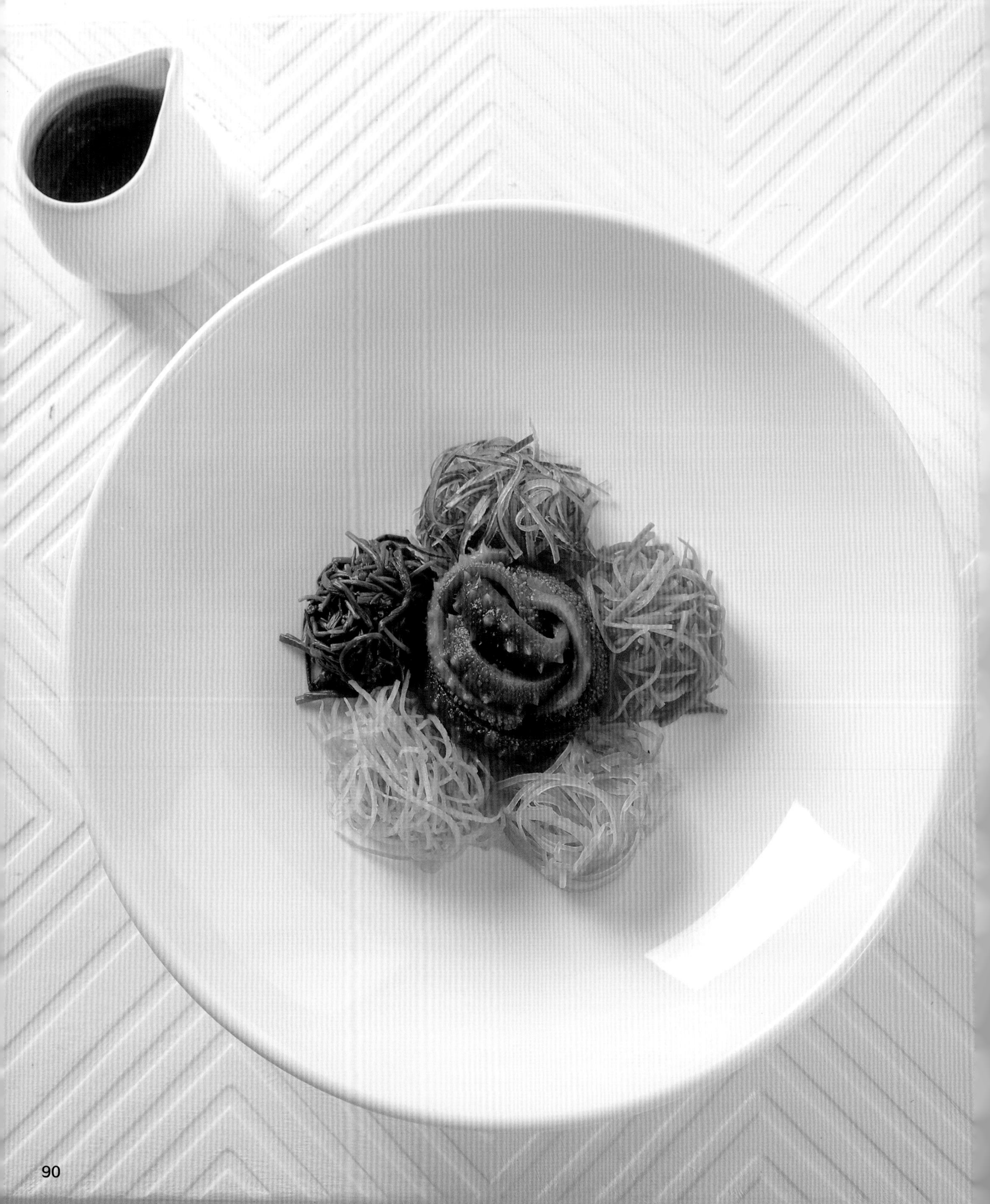

锦绣捞汁海参

T A S T E S E A C U C U M B E R

食 材 INGREDIENTS

主料：水发辽参 200 克。

配料：洋葱丝、胡萝卜丝、莴笋丝、金瓜丝、沙葱各 50 克。

调料：李锦记蒸鱼豉油 10 克，绍酒 10 克，白糖 5 克，李锦记蚝油 5 克，李锦记薄盐醇味鲜 5 克，香油 10 克，清汤 50 克。

做 法 STEPS

1. 水发辽参切成 0.5 厘米粗细的条，放入开水中焯一下，捞出，放在盘子中间，摆成绣球状。
2. 将配料分别放在海参周围。
3. 把调料兑成汁与锦绣海参一起上席。食用时，将料汁均匀浇在菜肴上面。

特 点 FEATURES

色彩鲜艳，原料丰富。

捞汁海参拌马家沟芹菜

食 材 INGREDIENTS

主料：活海参 120 克。

配料：马家沟芹菜 100 克，薄荷叶 1 克，葱段、姜片各 10 克。

调料：盐 4 克，味精 30 克，陈醋 30 克，味达美 25 克，麻辣鲜露 10 克，红油 20 克，熟白芝麻 4 克，绵白糖 4 克，香油 4 克。

做 法 STEPS

1. 活海参冷水入锅大火煮制，再放入高压锅，加葱段、姜片压制 10 分钟。

2. 捞出海参清洗干净，改刀成条状待用。

3. 马家沟芹菜清洗干净，轻拍改刀后冰镇，捞出沥干水。

4. 马家沟芹菜摆入盘底，放上海参条，点缀薄荷叶。把调料兑成捞汁，一起上席。食用时，将捞汁均匀浇在菜肴上面。

特 点 FEATURES

芹脆肉糯，咸鲜适口。

葱油海参

食 材 INGREDIENTS

主料：水发海参 300 克。

配料：香葱花 80 克。

调料：自制葱油 100 克，麻椒油 30 克，盐 5 克，绍酒 5 克，味精 5 克。

做 法 STEPS

1. 将水发海参切成 1 厘米长的段，放入开水中汆透，捞出。

2. 取香葱花 40 克与调料一起用搅拌机打碎，倒入盘中，放上海参段，剩余的香葱花放在上面即可。

特 点 FEATURES

海参软糯，葱香四溢。

辣椒酥海参

食 材 INGREDIENTS

主料：水发螺纹参 500 克。

配料：辣椒酥 200 克，萝卜苗 10 克，葱段、姜
块各 50 克，炸干葱头 50 克，香茅草 30 克。

调料：卤汤 4000 克。

做 法 STEPS

1. 将水发螺纹参切成 4 厘米长的条，加入卤汤与葱段、姜块、炸干葱头、香茅草，小火卤制 40 分钟。
2. 将辣椒酥打碎，用圆形模具做出造型，摆放在盘中，将卤好的海参条放在辣椒酥上面，用萝卜苗点缀即可。

特 点 FEATURES

辣椒酥酥脆，海参卤味浓郁。

野菜菌菇海参石榴包

食材 INGREDIENTS

主料：水发黄玉参 100 克。

配料：牛肝菌 60 克，马兰头碎 50 克，鱼子酱 18 克，越南春卷皮 6 张，韭菜叶 10 克，香椿苗 6 克。

调料：盐 2 克，味精 2 克，藤椒油 5 克，香油 5 克，黄油 5 克。

做法 STEPS

1. 分别将水发黄玉参、牛肝菌改刀成黄豆大小，分别焯水，沥干，再用黄油煎至金黄（十成熟），撒上盐、味精调味。

2. 将煎好的黄玉参、牛肝菌与马兰头碎按 3：1：1 的比例放在一起，加入剩余的调料，搅拌成馅。韭菜焯水。

3. 越南春卷皮用 65~70 ℃的水泡 8 秒，捞出。

4. 将拌好的馅包在越南春卷皮里，用韭菜叶扎口，上面用鱼子酱、香椿苗点缀即可。

特点 FEATURES

形如石榴，晶莹剔透。

梅干菜海参

食 材 INGREDIENTS

主料：水发海参 300 克。

配料：梅干菜 100 克，蒜蓉、葱蓉、姜蓉各 10 克，十香菜叶 20 克，萝卜苗 10 克。

调料：李锦记财神蚝油 50 克，李锦记生抽 10 克，李锦记海鲜酱 10 克，绍酒 10 克，白糖 5 克，高汤 300 克，精炼油 30 克。

做 法 STEPS

1. 水发海参切成 2 厘米长的段，梅干菜切碎，分别放入开水中氽一下捞出。

2. 炒锅添入精炼油置小火上，下入葱、姜、蒜蓉炒香后再下入梅干菜、海参段，加入剩余调料，煨制 20 分钟，出锅装盘，梅干菜分别放在海参段中间，用十香菜叶、萝卜苗点缀即可。

特 点 FEATURES

梅干菜香，海参味浓。

海参臻味

海 参 猪 手 卷

TASTE SEA CUCUMBER

食 材 INGREDIENTS

主料：水发海参 1 条。
配料：去骨猪手 300 克，葱段、姜片各 50 克，大料 60 克。
调料：盐 20 克，绍酒 20 克，味精 10 克，高汤 1000 克。

做 法 STEPS

将去骨猪手卷入水发海参，放到卤水桶中，加入调料、配料，用小火慢慢卤制 1 小时后取出。用稀布卷成海参猪手卷。晾凉后，切成 1 厘米厚的片，装盘点缀即可。

特 点 FEATURES

猪手浓香，海参味醇。

十香菜拌金沙参

食 材 INGREDIENTS

主料：水发金沙参 1 条（约 300 克）。

配料：十香菜 150 克，葱蓉、姜蓉、蒜蓉各 30 克。

调料：李锦记生抽 10 克，绍酒 5 克，白糖 5 克，葱油 10 克，麻椒油 10 克，香油 10 克。

做 法 STEPS

1. 将水发金沙参切成 2 厘米长的段，放入开水中氽一下，捞出，待用。
2. 把十香菜剁碎加入葱蓉、姜蓉、蒜蓉与调料，拌匀后加入金沙参段，调入味后，装盘点缀即可。

特 点 FEATURES

十香菜味浓，金沙参软糯弹牙。

麻香捞汁海参

食材 INGREDIENTS

主料：水发海参 300 克。

配料：熟芝麻 20 克，蒜蓉 30 克，姜蓉 10 克，十香菜 5 克。

调料：香油 10 克，红油 50 克，麻油 10 克，生抽 10 克，白糖 5 克，绍酒 5 克，蚝油 10 克，香醋 5 克。

做法 STEPS

1. 将水发海参顺长切成条形，放入开水中汆透捞出。

2. 把配料、调料兑成捞汁，海参条放入盘中。上席时把捞汁浇在海参上面，用十香菜点缀即可。

特点 FEATURES

海参爽脆，捞汁味香。

烧椒贡笋黄玉参

食材 INGREDIENTS

主料：水发黄玉参 180 克。

配料：有机贡笋 120 克，二荆条辣椒 100 克，红彩椒 10 克。

调料：酱油 15 克，生抽 10 克，美极鲜 5 克，藤椒油 10 克，蚝油 20 克，黄酒 10 克，黄焖酱 20 克，泡野山椒水 100 克，白醋 20 克，高汤 500 克。

做法 STEPS

1. 将水发黄玉参改刀成长方块，焯水后控干水待用。

2. 高汤中加入酱油、生抽 5 克、美极鲜、蚝油 15 克、黄焖酱、黄酒，加入焯好水的黄玉参，煨制 2 小时备用。

3. 将有机贡笋改刀成扁平块，加入泡野山椒水、白醋浸泡 3 小时。

4. 将二荆条辣椒在小火上炙烤起泡出香味，改刀成颗粒状，加入生抽 5 克、蚝油 5 克、藤椒油搅拌均匀，红彩椒改刀成小丁。

5. 将泡好的有机贡笋片垫底，放上煨好的黄玉参块，再点缀烧椒粒和红彩椒丁即可。

特点 FEATURES

椒香四溢，咸鲜适口。

泡椒什锦海参

TASTE SEA CUCUMBER

食 材 INGREDIENTS

主料：水发小海参 250 克。

配料：白萝卜 50 克，胡萝卜 50 克，洋葱 50 克，黄柿椒 50 克，莴笋 50 克。

调料：泡菜汁 500 克，盐 15 克，绍酒 5 克，香油 10 克。

做 法 STEPS

1. 水发小海参放入开水中氽一下捞出。

2. 白萝卜、莴笋、胡萝卜、洋葱、黄柿椒分别切成条，放入泡菜坛中，加入小海参与调料，泡制 2 天后即可食用。

特 点 FEATURES

风味独特，赏心悦目。

翡翠麻酱拌南美参

食 材 INGREDIENTS

主料：涨发好的南美参 180 克。

配料：莴笋 90 克，胡萝卜缨 5 克，干辣椒丝 1 克。

调料：芝麻酱 5 克，香油 4 克，盐 4 克，白糖 1 克，生抽 2 克，蒜蓉 3 克，辣酱 1 克，泡野山椒水 100 克，柠檬 2 个。

做 法 STEPS

1. 将莴笋削皮后改刀成长 10 厘米、宽 3 厘米、厚 3 毫米的长方片，焯水后捞出，控干。柠檬切片。

2. 取一干净容器，放入泡野山椒水、莴笋片、柠檬和盐 2 克，泡至入味待用。

3. 将涨发好的南美参改刀成大块，焯水后控干。

4. 用香油稀释好的芝麻酱、盐 2 克、生抽、蒜蓉、辣酱调制成酱料，再将南美参块加入调味待用。

5. 将入好味的莴笋片摆在盘中，然后再把调过味的南美参块摆在莴笋片上，点缀胡萝卜缨和干辣椒丝即可。

特 点 FEATURES

莴笋爽脆，海参糯弹。

红油芥蓝拌金沙参

食 材 INGREDIENTS

主料：水发金沙参 180 克。

配料：小芥蓝 80 克，葱段 5 克，姜片 5 克，干辣椒丝 2 克，胡萝卜缨 2 克。

调料：纯净水 500 克，料酒 10 克，味达美酱油 100 克，辣鲜露 20 克，绵白糖 40 克，红油 80 克，鲜麻辣鲜露 60 克，藤椒油 80 克，盐 2 克。

做 法 STEPS

1. 将涨发好的金沙参改刀成段待用。

2. 葱段、姜片加纯净水熬制 10 分钟，加入料酒，煮沸，加入金沙参段煮一下，捞出自然放凉。

3. 小芥蓝改刀成段，焯水后过凉水，控干。

4. 将剩余调料兑成料汁，倒在金沙参和芥蓝段上，搅拌均匀，装盘点缀干辣椒丝、胡萝卜缨即可。

特 点 FEATURES

海参软糯，麻辣香浓。

鲜花椒汁海参

食 材 INGREDIENTS

主料：水发辽参 300 克。
配料：鲜花椒 50 克，鲜青椒 30 克，香葱 10 克。
调料：盐 5 克，绍酒 8 克，清汤 50 克，白酱油 10 克。

做 法 STEPS

1. 将水发辽参放入开水中汆透捞出，顺长切成条。
2. 将鲜花椒、鲜青椒、香葱、盐、绍酒、清汤、白
酱油放入搅拌机中打碎、过滤后，将海参条在汁中
浸泡 2 小时。装盘时适当点缀即可。

特 点 FEATURES

海参爽脆，鲜椒味醇。

豉油黄玉参 TASTE SEA CUCUMBER

食 材 INGREDIENTS

主料：涨发好的黄玉参 220 克。
配料：胡萝卜缨 5 克。
调料：自制豉油汁 500 克。

做 法 STEPS

1. 将涨发好的黄玉参清洗干净，放入开水中汆一下捞出，放入自制豉油汁中，浸泡 12 小时，去除腥味。
2. 黄玉参捞出，切成 1 厘米长的段，摆在盘中，浇上豉油汁，用胡萝卜缨点缀即可。

特 点 FEATURES

海参糯弹，豉香悠长。

海参食赏
热菜篇

手工薄饼卷海参

食 材 INGREDIENTS

主料：水发海参 1 条。

配料：手工薄饼 1 张，葱丝 10 克，馓子 10 克，樟树港辣椒 1 个。

调料：李锦记财神蚝油 5 克，海参汤 50 克，白糖 5 克，生抽 5 克。

做 法 STEPS

1. 将水发海参加入调料烧制 10 分钟。樟树港辣椒切丝。

2. 手工薄饼上面放上葱丝、馓子、辣椒丝、海参，卷起即可食用。

特 点 FEATURES

薄饼筋道，颇具风味。

蟹粉烩海参

TASTE SEA CUCUMBER

食 材 INGREDIENTS

主料：水发海参 400 克。

配料：手拆大闸蟹蟹粉 80 克，姜蓉 30 克。

调料：盐 5 克，白糖 8 克，李锦记财神蚝油 10 克，绍酒 10 克，李锦记红烧汁 4 克，高汤 500 克，胡椒粉 2 克，香醋 3 克，葱油 80 克，三合油 100 克。

做 法 STEPS

1. 将水发海参直刀切成 3 厘米长的段。

2. 炒锅中加入三合油，置中火上，下入姜蓉、蟹粉炒出香味，再添入水发海参段、盐、白糖、李锦记财神蚝油、绍酒、李锦记红烧汁、高汤、胡椒粉、香醋，烧制约 30 分钟，待汤汁黏稠后，淋入葱油出锅装盘。

特 点 FEATURES

海参软糯，蟹粉鲜香。

麻辣豆腐烧辽参

TASTE SEA CUCUMBER

食 材 INGREDIENTS

主料：涨发好的 80 头辽参 5 条。

配料：五花肉丁 20 克，世通绢豆腐 1.5 盒，葱末、姜末各 10 克，青蒜苗碎 5 克，大料 2 粒，花椒 5 克。

调料：葱姜水 200 克，花椒面 1 克，郫县豆瓣酱 10 克，鸡粉 2 克，白糖 1 克，盐 10 克，生抽 2 克，老抽 2 克，蚝油 3 克，湿生粉 10 克，精炼油 50 克。

做 法 STEPS

1. 将涨发好的海参清洗干净，一分为二改刀后，泡在葱姜水中去腥除异味。

2. 将绢豆腐切成小块。锅中加水烧开，放入盐，把豆腐下锅煮 2 分钟，去除豆腥气，捞出来控水装盘待用。

3. 热锅倒油，先放入花椒、大料炸香，再放入葱末和姜末爆香，然后下入五花肉丁翻炒，加入郫县豆瓣酱炒至变色后，加入适量开水，再加入生抽、蚝油、老抽、鸡粉、白糖，烧开制成麻辣汤。

4. 取出一半麻辣汤，将海参放入，小火煨制 3 分钟，用 5 克湿生粉淋薄芡待用。另一半麻辣汤中加入豆腐，小火煨制 3 分钟，用勺子轻轻推动，用 5 克湿生粉淋薄芡，摆上入好味的海参，放入青蒜苗碎，撒入花椒面即可。

特 点 FEATURES

海参糯弹，回味悠长。

双龙会

食 材 INGREDIENTS

主料：水发海参 400 克，龙虾 1 只（约 1000 克）。
配料：鸡蛋 6 个，鱼子酱 30 克。
调料：盐 5 克，五年古越龙山花雕酒 100 克，龙虾汤 500 克，海参汤 500 克，豆苗 5 克。

做 法 STEPS

1. 将水发海参切成 2 厘米长的段儿，加入海参汤，烧至入味待用。
2. 将龙虾头尾炸一下捞出。把龙虾肉取出放入搅拌机，搅成龙虾蓉，加入盐，打成龙虾糊，装入裱花袋，挤到开水中，制成龙虾丝，煮熟以后捞出待用。
3. 将龙虾汤和鸡蛋液放一起搅拌匀以后，倒入盘中，上笼蒸 5 分钟，取出，把龙虾头尾摆放在两端。将烧好的海参放在盘中，龙虾丝放在海参上面，鱼子酱、豆苗点缀在龙虾丝上面即可。

特 点 FEATURES

龙虾肉筋道爽口，海参软糯。

冲浪酸辣活海参

食 材 INGREDIENTS

主料：活海参1条（约250克）。

配料：海带苗30克。

调料：高级酸辣清汤500克，盐3克，绍酒5克。

做 法 STEPS

1. 将活海参切成0.5厘米厚的片，海带苗切成2厘米见方的片，分别放入开水中汆一下捞出，放在汤盅内。

2. 将高级酸辣清汤加入盐、绍酒烧开后，倒入水壶中，上席时由服务员将壶中的酸辣清汤冲入海参汤盅内，即可食用。

特 点 FEATURES

汤清如水，酸辣味浓，海参爽脆。

文火牛肉关东参

食 材 INGREDIENTS

主料：水发关东参1条（约100克）。

配料：牛小排100克，大料30克，葱段、姜片各30克，香叶、桂皮各5克，西蓝花1朵。

调料：李锦记老抽2克，李锦记生抽5克，李锦记蚝油20克，李锦记海鲜酱10克，白糖5克，绍酒10克，高汤800克，精炼油30克，葱油10克。

做 法 STEPS

1. 牛小排切成边长约5厘米的三角块，与水发关东参分别放入开水中汆一下捞出。

2. 炒锅放入精炼油置小火上，下入大料、葱段、姜片、香叶、桂皮炒出香味后，再下入高汤、老抽、生抽、蚝油、海鲜酱、白糖、绍酒、牛小排、海参，用小火烧制2小时，待汤汁浓稠、肉烂时淋入葱油，出锅装盘。西蓝花焯水后点缀在旁边。

特 点 FEATURES

牛肉软烂，海参味厚。

咖喱杏花海参

食 材 INGREDIENTS

主料：水发海参 100 克。

配料：杏仁 60 克，鱼糊 100 克，火腿蓉 30 克。

调料：咖喱酱 30 克，盐 5 克，白糖 5 克，淡奶 20 克，
椰浆 10 克，绍酒 10 克，冬阴功汤 20 克，高汤 200 克，
湿生粉 10 克，黄油 50 克。

做 法 STEPS

1. 水发海参切成 2 厘米长的段，上面放上鱼糊，用杏仁插
成花朵状，火腿蓉点缀成花蕊，上笼蒸 5 分钟，取出装盘。

2. 炒锅下入黄油置中火上，下入咖喱酱、盐、白糖、淡奶、
椰浆、绍酒、冬阴功汤、高汤，待汁沸后勾入湿生粉，出
锅将汁浇在海参上面即可。

特 点 FEATURES

咖喱味浓，造型美观。

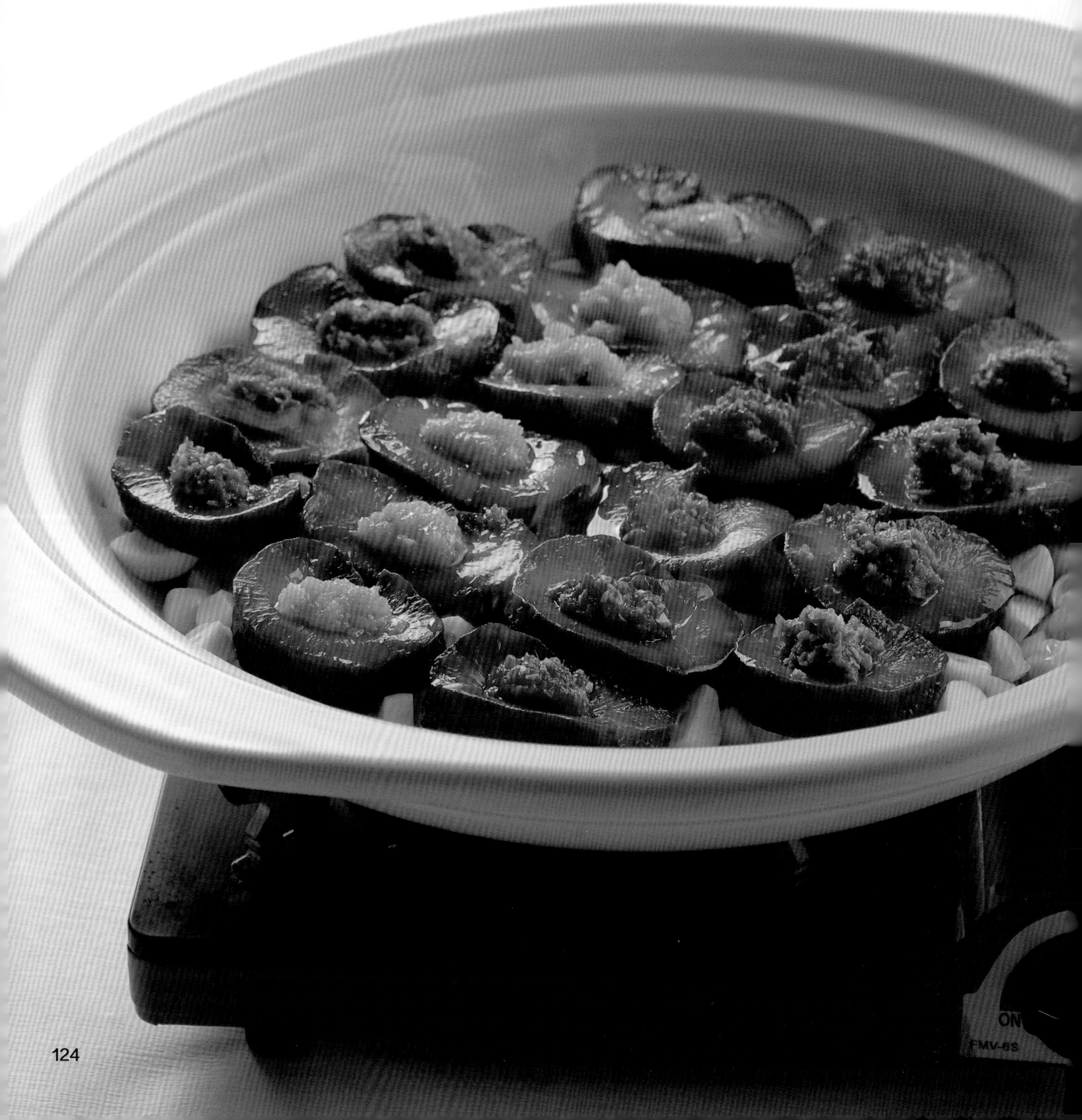
ON
FMV-6S

砂锅三椒焗海参

TASTE SEA CUCUMBER

食 材 INGREDIENTS

主料：水发黄玉参 400 克。

配料：干葱头 100 克，蒜子 50 克。

调料：红剁椒 80 克，黄椒酱 80 克，青椒酱 80 克，绍酒 10 克，葱油 80 克，盐 2 克。

做 法 STEPS

1. 水发黄玉参切成 2 厘米长的段，放入开水中汆一下捞出。

2. 砂锅内添入葱油置旺火上，下入干葱头、蒜子、盐、绍酒炒香后，将海参段摆在砂锅内，中间两排海参上面分别放上红剁椒、黄椒酱，两侧海参上面放上青椒酱，盖上盖，用中火焗 10 分钟，即成。

特 点 FEATURES

海参软糯，三椒味浓。

酒蒸金沙参

食材 INGREDIENTS

主料：水发金沙参 400 克。

配料：酒糟 100 克，青豆 10 粒。

调料：20 年古越龙山花雕酒 100 克，味精 20 克，白糖 20 克，
盐 6 克，熟猪油 40 克。

做法 STEPS

1. 水发金沙参切成 2 厘米长的段，放入开水中氽一下捞出，
摆放在盘中，上面放上酒糟。

2. 将调料加热调制好后，浇在海参上面，上笼蒸 5 分钟，
取出用青豆点缀即可。

特点 FEATURES

酒香四溢，海参软糯。

榴莲炖海参 TASTE SEA CUCUMBER

食 材 INGREDIENTS

主料：水发海参 1 条（约 80 克）。
配料：鲜榴莲肉 100 克。
调料：矿泉水 300 克，盐 3 克，绍酒 2 克。

做 法 STEPS

水发海参放入开水中氽一下捞出，与鲜榴莲肉一起放入汤
盅内，加入调料，上笼蒸 20 分钟后取出即可。

特 点 FEATURES

榴莲浓香，风味独特。

参
情
拥
鲍

食 材 INGREDIENTS

主料：水发海参 1 条，南非干鲍 1 只。
配料：老鸡 100 克，熟肘肉 100 克，火腿 20 克，干贝 20 克。
调料：鲍鱼汁 50 克，李锦记旧庄蚝油 10 克，白糖 5 克，花雕酒 10 克，茅台酒 30 克，高汤 500 克。

做 法 STEPS

1. 将水发海参、南非干鲍放入砂锅中，加入配料、调料，用小火慢慢煨制 1 小时，取出海参、鲍鱼，放入鲍鱼壳中。
2. 将炉子点上木炭，将鲍鱼壳放在上面，即可上席食用。

特 点 FEATURES

鲍鱼醇香，海参软糯。

海参香煎凉粉

食 材 INGREDIENTS

主料：水发黄玉参 200 克。

配料：红薯凉粉 200 克，葱花 50 克，蒜蓉 30 克，大料 2 粒。

调料：西瓜豆酱 20 克，生抽 10 克，蚝油 10 克，葱油 10 克，精炼油 50 克。

做 法 STEPS

1. 将水发黄玉参与凉粉分别切成 2 厘米见方的丁。

2. 炒锅置火上，添入精炼油，下入蒜蓉、葱花炒香后，再下入红薯凉粉、海参和剩余调料。用小火煎炒 10 分钟，出锅盛入盘中。

特 点 FEATURES

凉粉软烂，海参糯弹。

蜜豆海参烧春笋

食 材 INGREDIENTS

主料：水发海参 200 克。

配料：春笋 200 克，蜜豆 100 克。

调料：李锦记财神蚝油 10 克，李锦记生抽 5 克，花雕酒 10 克，白糖 10 克，湿生粉 10 克，高汤 200 克，精炼油 80 克。

做 法 STEPS

1. 将海参、春笋分别切成 3 厘米长的条，放入开水中汆透，捞出。

2. 炒锅中添入精炼油，置火上，下入春笋、海参、蚝油、生抽、花雕酒、白糖、高汤，烧制 10 分钟后，勾入湿生粉，出锅盛入盘中，将小蜜豆炒熟后，围在周围即可。

特 点 FEATURES

海参软糯，春笋脆甜，蜜豆碧绿。

葱香山药煎烹黄玉参

食 材 INGREDIENTS

主料：水发黄玉参 200 克。

配料：山药 100 克，葱花 50 克。

调料：李锦记财神蚝油 10 克，花雕酒 10 克，
盐 2 克，精炼油 50 克，高汤 50 克。

做 法 STEPS

1. 水发黄玉参与山药分别切成 2 厘米宽、4 厘米长的片，
放入开水中氽一下捞出。

2. 炒锅中添入精炼油，置火上，下入葱花、山药片、海参片，
加入其余调料，煎烹一下，翻两个身，即可出锅盛盘。

特 点 FEATURES

山药脆爽，海参软糯，咸鲜适口，葱香味浓。

鸽蛋松茸花胶炖海参

食 材 INGREDIENTS

主料：水发海参 2 条。
配料：水发花胶 100 克，松茸 20 克，熟鸽蛋 2 个，菜心 2 棵。
调料：盐 3 克，花雕酒 5 克，味精 5 克，高级清汤 300 克。

做 法 STEPS

将水发海参与花胶分别放入开水中汆一下捞出，放入汤盅
内。加入松茸与调料上笼蒸 1 小时，取出后再放入鸽蛋与
焯过的菜心，即可食用。

特 点 FEATURES

海参软糯，汤鲜味醇。

黑蒜两头乌烧刺参

TASTE SEA CUCUMBER

食材 INGREDIENTS

主料：涨发好的关东参1条。

配料：两头乌五花肉1块，黑蒜1个，芦笋1根，葱段、姜片各10克，大料1粒。

调料：烧汁10克，白糖2克，蚝油3克，老抽1克，红烧汁3克，绍酒50克，盐2克，精炼油20克。

做法 STEPS

1. 将两头乌五花肉除毛焯水后，改刀成3厘米见方的块。

2. 炒锅中添入精炼油，加入白糖，下入大料、姜片、葱段，烹入绍酒，加适量开水，放入五花肉。烧开后加入盐、烧汁、蚝油、老抽、红烧汁，小火煲制2小时。

2. 将关东参放入红烧肉中，再加入黑蒜一起煨制，收汁后装盘。

3. 芦笋头焯水后点缀即可。

特点 FEATURES

肉香味浓，回味悠长。

高 原 藜 麦 小 米 烩 海 参

TASTE SEA CUCUMBER

食 材 INGREDIENTS

主料：水发海参 1 条（约 60 克）。

配料：水发瑶柱 2 粒，熟藜麦 50 克，熟小米 100 克。

调料：绍酒 10 克，盐 5 克，高汤 400 克，三合油 80 克，
明油 10 克。

做 法 STEPS

将水发瑶柱、熟藜麦、熟小米与水发海参放入锅中，加入
调料，烧开后转小火烩制 10 分钟，待汤汁黏稠时，盛入盘中。

特 点 FEATURES

海参软糯，米香适口。

蜂巢海参佐鱼子酱

食 材 INGREDIENTS

主料：水发 200 头辽参 6 条。

配料：鱼子酱 10 克，香椿芽 6 棵。

调料：盐 2 克，绍酒 5 克，生抽 3 克，纯净水 90 克，
干生粉 10 克，蜂巢粉 100 克，色拉油 80 克，白酒
二锅头 20 克，精炼油 500 克。

做 法 STEPS

1. 先将蜂巢粉、白酒二锅头、色拉油、纯净水混合均匀，
静置 20 分钟，制成蜂巢浆。

2. 将海参焯水后，加入盐、绍酒、生抽腌制 10 分钟，沥
干后先蘸干生粉，再裹蜂巢浆炸制（油温 210 ℃）1 分钟，
呈金黄色，沥油，装盘，点缀鱼子酱和香椿芽即可。

特 点 FEATURES

色泽金黄，海参鲜香。

海参烧鞭花

TASTE SEA CUCUMBER

食 材 INGREDIENTS

主料：水发关西参 400 克。

配料：牛鞭 200 克，十香菜叶 3 克，葱段、姜片、蒜子各 30 克。

调料：李锦记财神蚝油 50 克，李锦记生抽 10 克，李锦记老抽 2 克，绍酒 30 克，白糖 10 克，高汤 500 克，精炼熟猪油 50 克。

做 法 STEPS

1. 水发关西参切成 2 厘米长的段，牛鞭剞上菊花花刀，分别放入开水中氽一下捞出。

2. 炒锅添入精炼熟猪油，置中火上，下入葱段、姜片、蒜子炸香后添入其余调料，再下入海参段、鞭花，烧开后换小火烧制 30 分钟，待汤汁浓稠时，出锅盛入盘中，放上十香菜叶点缀即可。

特 点 FEATURES

鞭花筋香，海参软糯。

海 参 香 辣 豆 腐

TASTE SEA CUCUMBER

食 材 INGREDIENTS

主料：水发海参 300 克。

配料：水豆腐 300 克，葱姜蒜蓉各 30 克，牛肉碎 50 克，花椒粉 10 克。

调料：豆瓣酱 30 克，鱼泡椒蓉 20 克，绍酒 10 克，白糖 5 克，红油 100 克，蚝油 100 克，湿生粉 10 克，高汤 200 克，明油 10 克。

做 法 STEPS

1. 水发海参放入开水中汆一下捞出，水豆腐切成 2 厘米见方的丁，放入开水中汆透捞出。

2. 炒锅置旺火上，下入红油、豆瓣酱、鱼泡椒蓉、花椒粉、葱姜蒜蓉、牛肉碎，炒出香味，添入高汤，再下入海参、水豆腐、绍酒、白糖、蚝油，烧制 5 分钟后勾入湿生粉，淋明油，出锅盛入盘中。

特 点 FEATURES

麻辣鲜香，豆腐细嫩，海参软糯。

话梅山药烧螺纹参

食 材 INGREDIENTS

主料：涨发好的螺纹参 300 克。

配料：山药段 100 克，九制话梅 50 克，胡萝卜缨 3 克。

调料：葱姜水 200 克，李锦记海鲜酱 50 克，冰花酸梅酱 2 瓶，番茄沙司 50 克，冰糖 30 克，南乳汁 10 克，高汤 300 克。

做 法 STEPS

1. 将涨发好的螺纹参改刀成长 2 厘米的段，先入葱姜水浸泡去腥味除异味。

2. 炒锅中加入高汤、海鲜酱、冰花酸梅酱、番茄沙司、冰糖、南乳汁，小火煮香，加入海参段和话梅煨制收汁，收到一半时加入山药段。继续收汁至黏稠。装盘点缀胡萝卜缨即可。

特 点 FEATURES

酱香四溢，咸甜适口。

关东参烧大连鲍

食 材 INGREDIENTS

主料：水发关东参 1 条（约 100 克）。

配料：大连鲍 1 只，葱段、姜片各 50 克，西蓝花 1 朵。

调料：李锦记财神蚝油 20 克，生抽 10 克，鲍鱼汁 20 克，绍酒 10 克，高汤 500 克，猪油 50 克。

做 法 STEPS

1. 大连鲍宰杀后洗净，放入压力锅中，加入葱段、姜片、蚝油、生抽、鲍鱼汁、绍酒、高汤压制 8 分钟后，挑出葱段、姜片。

2. 炒锅添入猪油置旺火上，下入大连鲍、水发关东参以及压力锅中的汤汁，用小火烧制 20 分钟，待汤汁浓稠时，出锅装盘，用焯过水的西蓝花点缀即可。

特 点 FEATURES

海参糯弹，鲍鱼软筋。

黄椒酱蒸螺纹参

食 材 INGREDIENTS

主料：螺纹参 8 块（40 克 / 块）。

配料：蒜蓉 10 克，姜蓉 10 克，胡萝卜缨 3 克。

调料：葱姜水 200 克，料酒 10 克、黄灯笼辣椒酱 60 克，
李锦记薄盐醇味鲜酱油 15 克，鲜麻子青花椒油 5 克，胡萝
卜油 25 克，清鸡汤 50 克。

1. 将螺纹参块用葱姜水、料酒、李锦记薄盐醇味鲜酱油 10 克煨制除异味，关火再泡 5 分钟后，捞出控干待用。

2. 取一净锅下入胡萝卜油烧热，加入蒜蓉、姜蓉熬制出味，下入黄灯笼辣椒酱小火熬制 1 分钟，再加入清鸡汤以及李锦记薄盐醇味鲜酱油 5 克、鲜麻子青花椒油调味。

3. 将熬好的黄椒酱均匀地平铺在瓷盘中，将螺纹参块放在黄椒酱上蒸制 7 分钟，用胡萝卜缨点缀即可。

特　点 FEATURES

椒香四溢，咸鲜适口。

海 参 毛 血 旺

TASTE SEA CUCUMBER

食 材 INGREDIENTS

主料：水发海参 300 克。

配料：毛肚 100 克，鸭血 100 克，千张丝 50 克，白菜叶 100 克，黄豆芽 50 克，蒜蓉 50 克，大红袍花椒 10 克，干辣椒 50 克，胡萝卜缨 3 克。

调料：豆瓣酱 30 克，鱼泡椒 20 克，生抽 10 克，蚝油 5 克，绍酒 10 克，红油 50 克，花椒油 30 克，菜籽油 80 克。

做 法 STEPS

1. 白菜叶、黄豆芽、千张丝放入开水中焯一下，捞出放入汤盆中。
2. 水发海参片成片，与毛肚、鸭血分别放入开水中氽一下捞出。
3. 炒锅添入菜籽油，下入花椒、干辣椒炒香后，再下入海参、鸭血、毛肚与豆瓣酱、鱼泡椒、生抽、蚝油、绍酒，烧制 3 分钟后盛入汤盆中，撒上蒜蓉，将红油、花椒油烧热后浇在蒜蓉上面，用胡萝卜缨点缀即可。

特 点 FEATURES

麻辣鲜香，色泽红亮。

樟树港辣椒烧海参

食材 INGREDIENTS

主料：水发海参 400 克。

配料：樟树港辣椒 150 克，蒜片 50 克，葱段、姜片各 30 克。

调料：豆豉香辣酱 10 克，李锦记香辣爆炒酱 10 克，李锦记蚝油 10 克，绍酒 5 克，李锦记生抽 5 克，白糖 5 克，湿生粉 10 克，高汤 100 克，葱油 50 克，精炼油 500 克。

做法 STEPS

1. 水发海参、樟树港辣椒分别切成 4 厘米长的条，放入四成热的精炼油中过一下油，捞出。

2. 炒锅添入葱油，置旺火上，下入葱段、姜片、蒜片、豆豉香辣酱、李锦记香辣爆炒酱，炒出香味，下入海参、樟树港辣椒、高汤、蚝油、绍酒、生抽、白糖，烧制 2 分钟，勾入湿生粉，出锅盛入盘中。

特点 FEATURES

辣椒清香微辣，海参软糯弹牙。

腊八蒜烧螺纹海参

食材 INGREDIENTS

主料：水发螺纹海参 400 克。

配料：腊八蒜 150 克，美人椒圈 50 克，葱姜蒜蓉各 20 克。

调料：李锦记财神蚝油 10 克，李锦记生抽 5 克，绍酒 10 克，李锦记老抽 1 克，白糖 5 克，高汤 500 克，三合油 80 克。

做法 STEPS

1. 将水发螺纹海参切成 3 厘米长的段，放入开水中汆透捞出。

2. 炒锅添入三合油，置旺火上，下入葱姜蒜蓉炒香后，再下入水发螺纹海参、腊八蒜、美人椒圈、其余调料，烧制 20 分钟，待汤汁黏稠时出锅盛入盘中。

特点 FEATURES

腊八蒜味浓，螺纹参软糯。

鮰鱼烧海参

食 材 INGREDIENTS

主料：鮰鱼肉 350 克。

配料：水发海参 250 克，葱段、姜片、蒜子各 50 克，大料 10 克，十香菜叶 10 克。

调料：蚝油 30 克，生抽 10 克，绍酒 50 克，白糖 10 克，老抽 2 克，柱侯酱 20 克，高汤 400 克，熟猪油 50 克。

做 法 STEPS

1. 水发海参切成 3 厘米长的段，鮰鱼肉切成 3 厘米长的段，分别放入开水中氽一下捞出。

2. 炒锅添入熟猪油，置中火上，下入葱段、姜片、蒜子、大料，炒出香味，再下入海参、鮰鱼肉、其余调料，烧制 30 分钟，待汤汁浓稠后，出锅盛入盘中，点缀上十香菜叶即可。

特 点 FEATURES

鱼肉细嫩，海参浓香。

陈皮话梅海参

食 材 INGREDIENTS

主料：水发关东参1条（约100克）。

配料：30年陈皮20克，九制话梅50克，葱姜片各20克。

调料：蚝油20克，白糖10克，绍酒10克，生抽5克，高汤300克，精炼油50克。

做 法 STEPS

1. 水发关东参放入开水中氽一下捞出。

2. 炒锅添入精炼油，置中火上，下入葱姜片、水发关东参、陈皮、话梅和其余调料烧制30分钟，待汤汁浓稠时，出锅装盘，适当点缀即可。

特 点 FEATURES

海参软糯微甜，陈皮话梅浓香。

柚香金耳炖关东参

食 材 INGREDIENTS

主料：水发关东参 1 条（约 100 克）。
配料：金耳 8 克，柚子皮丝 20 克，玫瑰鱼子 20 克，
十香菜叶 1 克。
调料：冰糖 50 克，蜂蜜 20 克，矿泉水 100 克。

做 法 STEPS

1. 水发关东参放入开水中氽一下捞出。
2. 金耳与柚子皮丝放入搅拌机中打碎，待用。
3. 炒锅置小火上，下入矿泉水、冰糖、蜂蜜、
海参以及打碎的金耳、柚子皮丝，烧制 5 分钟，
出锅盛入汤盘中，点缀玫瑰鱼子、十香菜叶即可。

特 点 FEATURES

香甜软糯，色泽金黄。

北美野米烩海参

食 材 INGREDIENTS

主料：水发关东参 1 条（约 100 克）。
配料：熟北美野米 80 克，水发瑶柱丝 30 克，虾仁 20 克，
胡萝卜丁 20 克，西芹丁 20 克。
调料：盐 5 克，绍酒 5 克，味精 5 克，高汤 300 克，湿生
粉 10 克，鸡油 50 克。

做 法 STEPS

1. 水发关东参放入开水中汆一下，捞出。虾仁、胡萝卜丁、
西芹丁分别放入开水中焯水捞出。
2. 炒锅添鸡油置旺火上，下入水发关东参、北美野米、虾仁、
胡萝卜丁、西芹丁、水发瑶柱丝与盐、绍酒、味精、高汤，
小火烧制 5 分钟后，勾入湿生粉，出锅盛盘。

特 点 FEATURES

海参软糯，野米清香。

海参食赏
面点篇

冰川蓝莓海参

食 材 INGREDIENTS

主料：水发海参粒 100 克。

配料：蓝莓果蓉 320 克，椰蓉 50 克，蛋黄 25 克，蛋白 20 克，吉利丁 30 克，巧克力 200 克，薄脆 100 克，蓝色巧克力 350 克。

调料：白糖 205 克，柠檬汁 4 克，淡奶油 150 克，葡萄糖浆 110 克，炼乳 70 克，糖 粉 180 克，蜂蜜 100 克，纯净水 125 克。

做 法 STEPS

1. 将水发海参粒放入开水中汆一下捞出，用蜂蜜糖渍 1 小时后捞出，将蓝莓果 蓉 150 克、白糖 130 克、柠檬汁拌匀制成蓝莓果蓉馅心，待用。

2. 把蓝莓果蓉 170 克、白糖 40 克、蛋黄放入锅中，用小火烧至微沸时加入吉 利丁 10 克、白糖 35 克、纯净水 15 克，倒入蛋白，操作时需要不停搅拌，最 后放入打发的淡奶油，全部拌匀后，过细筛，制成慕斯，装进裱花袋待用。

3. 取模具，挤入慕斯至半满，放上海参、蓝莓果蓉馅心，再将慕斯挤入填满，放进冰箱冷冻成型。

4. 把葡萄糖浆、纯净水 110 克、糖粉放入锅中煮开，再加入吉利丁 20 克、炼乳、蓝色巧克力，待全部融化后使用均质机，均质无泡沫后，表面挂蓝色巧克力，再将四周粘上椰蓉即可。

5. 薄脆中加入融化的巧克力按压成型，放进冰箱冻成型，将做好的海参慕斯放 在上面即可。

特 点 FEATURES

制作精细，香甜可口。

海参臻味

海参臻味

162

海 参 流 沙 包

TASTE SEA CUCUMBER

食 材 INGREDIENTS

主料：美玫面 500 克。

配料：海参粒 50 克，咸蛋黄 10 个，澄面 20 克，白巧克力花 7 朵。

调料：泡打粉 5 克，酵母 5 克，白糖 80 克，吉士粉 6 克，奶粉 24 克，黄油 90 克，牛奶 50 克，猪油 15 克，墨鱼汁 10 克，矿泉水 290 克。

做 法 STEPS

1. 将美玫面、泡打粉、酵母、白糖 15 克，猪油、澄面、墨鱼汁加矿泉水 240 克和成面团。

2. 把咸蛋黄、海参粒、白糖 65 克、吉士粉、奶粉、黄油、牛奶、矿泉水 50 克制成海参流沙馅待用。

3. 将墨鱼汁面团分成 7 个剂子，分别包入海参流沙馅，上笼大火蒸 8 分钟即可，装盘时用白巧克力花点缀。

特 点 FEATURES

流沙香甜，海参软糯。

仿真慕斯海参

食材 INGREDIENTS

主料：山药泥 100 克。
配料：吉利片 5 克，燕窝 10 克。
调料：新鲜芒果汁 100 克，蜂蜜 10 克。

做法 STEPS

将吉利片加水熬化后倒入山药泥中，搅拌均匀，包入燕窝，
放到海参模具中，晾凉定型后取出，放在盘中，浇上芒果
汁和蜂蜜即可。

特点 FEATURES

形如海参，香甜适口。

草莓海参慕斯

食 材 INGREDIENTS

主料：草莓酱 200 克。

配料：海参粒 50 克，白巧克力 50 克，巧克力片 10 克，吉利片 5 克，粉红色巧克力浆 150 克。

调料：白糖 20 克，淡奶油 120 克。

做 法 STEPS

1. 将草莓酱、白糖加入海参粒，搅拌均匀成流沙馅，放入冰箱冷冻成型。

2. 把白巧克力、泡软的吉利片、打发的淡奶油搅拌均匀后过细筛，装进裱花袋，挤入模具，挤至约一半高度时，放入做好的流沙馅，再把裱花袋中的东西挤入模具至满，放入冰箱冷冻成型。

3. 将成型后的草莓海参慕斯从模具中取出，再挂上一层粉红色巧克力浆，对逐个做好后的慕斯再喷砂，表面用巧克力片点缀装饰即可。

特 点 FEATURES

色泽粉红，表面脆甜，慕斯流沙。

海 参 绿 豆 糕

TASTE SEA CUCUMBER

食 材 INGREDIENTS

主料：绿豆 500 克。

配料：海参粒 50 克，咸蛋黄 2 个，白巧克力 20 克。

调料：淡奶油 50 克，纯牛奶 60 克，黄油 80 克，白糖 100 克。

做 法 STEPS

1. 将绿豆清洗干净，加水泡一夜，控水，入蒸笼蒸 40 分钟，取出过筛，加入黄油 60 克、白糖、纯牛奶 20 克，放入锅中炒成绿豆沙，不粘铲时即可。

2. 咸蛋黄蒸熟过筛，加入海参粒、淡奶油、纯牛奶 40 克、白巧克力、黄油 20 克，制成流沙馅。

3. 绿豆沙中包入流沙馅，用模具按压成型。逐个做好后装盘即可食用。

特 点 FEATURES

外皮细腻，流沙甜香。

海参酥皮饼

食 材 INGREDIENTS

主料：美玫粉 500 克。

配料：海参粒 50 克，前腿夹心肉馅 250 克，乌江榨菜 1 包，葱花、姜蓉各 30 克。

调料：白糖 50 克，水 50 克，猪油 220 克，老抽 1 克，盐 6 克，味精 8 克，鸡粉 8 克，胡椒粉 1 克，葱姜水 100 克。

做 法 STEPS

1. 将美玫粉 250 克、猪油 50 克、白糖 25 克、水 50 克拌匀，和成水皮面团。

2. 将美玫粉 250 克、猪油 170 克、白糖 25 克拌匀，和成油皮面团。

3. 把乌江榨菜切碎，加入前腿夹心肉馅、海参粒、葱花、姜蓉、老抽、盐、味精、鸡粉、胡椒粉、葱姜水，顺着一个方向搅打上劲成馅。

4. 将水皮面团包住油皮面团，开酥 20 分钟后，擀成片，包入海参馅，表皮盖一个福字，然后放在 200 ℃烤箱内，烤 12 分钟即可出炉。

特 点 FEATURES

饼皮酥香，馅心软嫩。

雪山海参包

食材 INGREDIENTS

主料：金像面粉 250 克，美玫粉 390 克。
配料：水发海参 150 克，水发香菇 50 克，
水发冬笋 50 克，鸡蛋 1 个。
调料：蚝油 5 克，生抽 5 克，香油 10 克，
酵母 4 克，面包改良剂 2 克，牛奶 90 克，
黄油 215 克，起酥油 190 克，糖粉 190 克，
色拉油 320 克。

做法 STEPS

1. 将水发海参、香菇、冬笋分别切成 0.5 厘米见方的丁，放入
开水中汆透捞出，加入蚝油、生抽、香油拌成馅料。
2. 将金像面粉加入牛奶、酵母、面包改良剂、黄油 25 克、鸡
蛋和成面团，分成 10 个剂子，分别包入馅料，放在 30 ℃烤
箱内发酵 20 分钟。
3. 将起酥油、黄油 190 克打软发白，加入糖粉打融化后，再
将色拉油分三次加入打均匀，加入美玫粉打匀成雪山浆，放
入裱花袋，挤在发酵至两倍大的海参包上，放进 180 ℃的烤箱，
烤 13 分钟即可。

特点 FEATURES

形如雪山，馅料浓香。

麻酱海参手工凉面

食 材 INGREDIENTS

主料：涨发好的 240 头辽参 1 条。

配料：手剥蜜豆 20 克，手工面 40 克，黄瓜丝 10 克，荆芥叶 2 克，花生碎 2 克，熟芝麻 1 克。

调料：酱油 20 克，美极鲜 10 克，蚝油 10 克，陈醋 10 克，辣椒油 20 克，花生油 30 克，麻椒油 5 克，白糖 10 克，芝麻酱 20 克，纯净水 10 克，葱姜水 50 克。

做 法 STEPS

1. 将涨发好的辽参泡在葱姜水中去腥除异味，加入花生油、酱油、美极鲜、蚝油、辣椒油、麻椒油、白糖，烧至入味。

2. 将蜜豆焯水，控水，放入盘中待用。

3. 锅中烧热水，将手工面煮熟捞出，控水后用筷子卷一下，放在蜜豆上，放上黄瓜丝，同时将海参捞出改暗刀，放在手工面上，撒花生碎、熟芝麻，淋入陈醋和用纯净水调开的芝麻酱，点缀荆芥叶即可。

特 点 FEATURES

面条筋软，料香味足。

海 参 疙 瘩 汤

食 材 INGREDIENTS

主料：卤味海参 1 条。

配料：胡萝卜丝 50 克，粉条 50 克，花生碎 30 克，韭菜 50 克，面粉 200 克，葱花 50 克。

调料：胡椒粉 2 克，盐 3 克，绍酒 5 克，葱油 80 克，高汤 50 克。

做 法 STEPS

1. 韭菜切成 3 厘米长的段，面粉加入清水用手搓成面疙瘩形状待用。

2. 炒锅添入高汤，下入葱花、胡萝卜丝、粉条、胡椒粉、盐、绍酒、面疙瘩，烧开后，煮 2 分钟，放入韭菜段，淋入葱油，出锅盛入汤盆中，加入花生碎、卤味海参即可。也可将卤味海参切成 0.5 厘米见方的丁放入汤中。

特 点 FEATURES

疙瘩软筋，汤鲜味美。

生煎葱香海参包

食 材 INGREDIENTS

主料：水发海参 200 克，低筋面粉 400 克。

配料：高筋面粉 100 克，澄面 100 克，皮冻 200 克，马蹄 50 克，冬笋 30 克，冬菇 30 克，葱姜蓉各 10 克，香葱花 5 克，熟芝麻 5 克。

调料：李锦记蚝油 10 克，李锦记生抽 10 克，李锦记海鲜酱 5 克，李锦记叉烧酱 5 克，白糖 40 克，泡打粉 5 克，酵母 5 克，黑胡椒粉 3 克，葱油 10 克，矿泉水 250 克，猪油 5 克，精炼油 80 克。

做 法 STEPS

1. 将高筋面粉、低筋面粉、澄面、泡打粉、酵母、猪油、白糖 35 克加适量水，和成软硬适中的面团，分成约 30 克一个的面团，擀成面皮，待用。

2. 将水发海参、马蹄、冬笋、冬菇分别切成 0.5 厘米见方的丁，放入开水中汆一下捞出，加入李锦记蚝油、李锦记生抽、李锦记海鲜酱、李锦记叉烧酱、葱姜蓉、白糖 5 克、黑胡椒粉、葱油、皮冻拌成馅，分别用面皮包成海参包，底部粘上熟芝麻，放入发酵箱内，醒发 10 分钟。

3. 煎锅放火上，加入精炼油，放入海参包，倒入矿泉水，盖上锅盖，煎制 20 分钟，待包子成熟后取出，撒上香葱花，装盘即可。

特 点 FEATURES

色泽金黄，外焦里嫩，海参多汁，香浓适口。

春韭海参包

食 材 INGREDIENTS

主料：水发海参 150 克。
配料：韭菜 100 克，香菇 100 克，葱花 20 克，姜蓉 10 克，
死面皮 5 张。
调料：盐 5 克，绍酒 5 克，味精 5 克，香油 10 克。

做 法 STEPS

1. 将水发海参与香菇分别切成 3 毫米见方的丁，韭菜切碎，
加入葱花、姜蓉、调料，拌成馅。
2. 死面皮包入韭菜海参馅，放入蒸笼，上笼蒸 6 分钟即可
食用。

特 点 FEATURES

皮薄馅多，味道鲜美。

海参臻味

海参灌汤包

TASTE SEA CUCUMBER

食 材 INGREDIENTS

主料：水发海参 100 克。

配料：皮冻 100 克，蟹粉 50 克，马蹄粒 30 克，姜蓉 10 克，死面皮 3 张。

调料： 盐 5 克，绍酒 5 克，味精 5 克，白糖 3 克。

做 法 STEPS

1. 将水发海参切成小丁，加入皮冻、蟹粉、马蹄粒、姜蓉和调料拌成馅。

2. 用死面皮包成包子。上笼蒸 8 分钟即可食用。

特 点 FEATURES

皮薄透亮，灌汤流油，味道鲜美。

后记

海参自古就被列为海八珍之一，过去一直是王公贵族所享用的珍馐美馔。随着时代的发展、社会的进步，海参现在已经走上普通百姓的餐桌，成为大家可以经常吃到的美食。

这几年我一直在考虑，出一本有关海参烹饪方面的书，让老百姓学会做海参、吃海参。我将自己从厨几十年来制作的海参菜肴汇集成册，这里面既有有关海参品种的知识，也有涨发海参的技巧，当然，更多的还是海参烹饪知识。书中有海参制作的风味小吃，更多则是各种海参热菜。关于海参热菜，既有经典的传统海参名菜，也有近年来我研发的创新海参菜肴，还有老菜新做。

所以，这本书即可以作为一本工具书，让美食爱好者了解海参知识，为烹饪爱好者在家烹制海参菜肴提供帮助，也可以作为一本海参烹饪指南，为专业烹饪工作者提供参考。

这本书在编写过程中得到了河南鲁班张餐饮有限公司董事长张书安先生的大力支持。中国著名文学家、河南省文学院原院长孙荪老师为本书题写书名。著名烹饪文化学者、河南餐饮与住宿行业协会会长张海林先生为本书作序。李锦记（中国）销售有限公司给予了大力支持。在此一并深表感谢。

在这个欣欣向荣的新时代，我会努力制作出更多的美食，服务好广大群众，让人们享受美食，享受健康，享受美好生活。

这世界，唯有爱和美食不可辜负，让我们共同努力，一起走向未来。

陈伟

2022 年 3 月 18 日于北龙湖畔